Einstern

Mathematik für Grundschulkinder

Themenheft 4

Schriftliche Multiplikation

Geometrie Teil 2 –
Zirkel

Erarbeitet von
Roland Bauer
Jutta Maurach

In Zusammenarbeit
mit der
Cornelsen Redaktion
Grundschule

Cornelsen

Einstern 4

Mathematik für Grundschulkinder
Themenheft 4

Schriftliche Multiplikation

Geometrie Teil 2 –
Zirkel

Erarbeitet von:	Roland Bauer, Jutta Maurach
Redaktion:	Uwe Kugenbuch, Nadine Marx
Layout und technische Umsetzung:	lernsatz.de
Illustration:	Yo Rühmer
Umschlaggestaltung:	Ulrike Kuhr

Pflichtseiten

Wahlseiten

besprechen – mit einem Partner oder in der Gruppe

Handlungshinweis

Aufgaben mit unterschiedlichen Anforderungsniveaus:

1 ausrechnen, ausführen, wiedergeben

1 erkennen, fortsetzen, anwenden

1 Lösungswege selbst entwickeln, darstellen, begründen und übertragen

→ AH Seite … Hinweis auf die passende Seite im Arbeitsheft

→ Ü Seite … Hinweis auf die passende Seite in den Übungssternchen

Aufgaben, die du in deinem Heft löst

www.cornelsen.de

1. Auflage, 1. Druck 2013

Alle Drucke dieser Auflage sind inhaltlich unverändert
und können im Unterricht nebeneinander verwendet werden.

Druck: Salzland Druck, Staßfurt

ISBN 978-3-06-082765-7

Inhalt gedruckt auf säurefreiem Papier aus nachhaltiger Forstwirtschaft.

Bildnachweis

21.1	Cornelsen Verlagsarchiv
25.1	Alle Cornelsen Verlagsarchiv
25.2–3	VG Bild-Kunst, Bonn 2013
25.4	Cornelsen Verlagsarchiv/Corel Library
26.1	PROFIL Fotografie Marek Lange, Berlin
27.1	PROFIL Fotografie Marek Lange, Berlin
34.1	Cornelsen Verlagsarchiv/Universität Pisa
39.1	Peter Hartmann, Potsdam
39.2–3	Cornelsen Verlagsarchiv
39.4	Edizione Fiorentini, Siena
39.5	Cornelsen Verlagsarchiv

Bildredaktion: Peter Hartmann

Inhaltsverzeichnis

Schriftliche Multiplikation

Schriftlich multiplizieren	Die schriftliche Multiplikation kennen lernen	5
	Schriftliches Multiplizieren mit Überträgen kennen lernen	6
	Schriftliches Multiplizieren üben	7
	Ergebnisse überschlagen – Fehler finden und korrigieren	8
	Kommazahlen schriftlich multiplizieren	9
	Kosten für ein gemeinsames Frühstück berechnen	10
Schriftlich mit zweistelligen Zahlen multiplizieren	Schriftliches Multiplizieren mit zweistelligen Zahlen kennen lernen	11
	Schriftliches Multiplizieren mit zweistelligen Zahlen üben	12
	Fehler finden und korrigieren – Überschlagsrechnung nutzen	13
	Besondere Aufgaben lösen und Begründungen finden	14
Sachaufgaben zur schriftlichen Multiplikation	Den Erlös des Kuchenverkaufs berechnen	15
	Zahlen der Grundschulzeit auswerten	16
	Rechengeschichten erfinden und lösen	17
	Zahlen rund um ein Musical bearbeiten 1	18
	Zahlen rund um ein Musical bearbeiten 2	19
	Zahlenrätsel und Knobeleien lösen	20
Weitere Rechenverfahren	Multiplizieren mit der Gittermethode	21
	Ein ägyptisches Rechenverfahren kennen lernen	22
	Mit dem Malkreuz multiplizieren	23
	Schriftliches Multiplizieren mit dreistelligen Zahlen kennen lernen	24

Kreise und Muster

Kreise entdecken und zeichnen	In der Umgebung Kreise entdecken	25
	Mit Alltagsgegenständen Kreise zeichnen	26
	Mit dem Zirkel Kreise zeichnen	27
	Mit dem Zirkel Schmuckfiguren zeichnen	28
	Kreisfiguren nach Anleitung zeichnen	29
	Schmuckfigur und Anleitung erstellen	30
	Schmuckfiguren mit Zirkel, Lineal und Geodreieck zeichnen	31
	Verschiedene Kreismuster gestalten	32
	Figuren mit Zirkel und Geodreieck nach Anleitung zeichnen	33
	Die Fibonacci-Zahlenfolge zeichnerisch darstellen	34
	In einen Kreis regelmäßige Vielecke zeichnen	35
Mit Bruchteilen umgehen	Bruchteile der Kreisfläche darstellen	36
	Bruchteile von Größenangaben bestimmen	37
Muster und Reihen	Muster abzeichnen, vergrößern und verkleinern	38
	Formen, Muster und Ornamente erkennen und selbst gestalten	39
	Reihen erkennen und fortsetzen	40

312 · 3 = □
2 · 3 = 6
10 · 3 = 30
300 · 3 = 900
312 · 3 = 936
312 · 3
6
30
+900
936
312 · 3
936
Ich rechne das so.
Ich rechne genauso, aber ich schreibe es noch kürzer auf.
Man kann nicht nur schriftlich addieren und subtrahieren, sondern auch multiplizieren. Außerdem lernst du ein neues Zeichengerät kennen: den Zirkel.

Die schriftliche Multiplikation kennen lernen

H	Z	E		
3	1	2	·	3
		H	Z	E
		9	3	6

Rechne so:

3 · 2E = 6E. Schreibe 6.

3 · 1Z = 3Z. Schreibe 3.

3 · 3H = 9H. Schreibe 9.

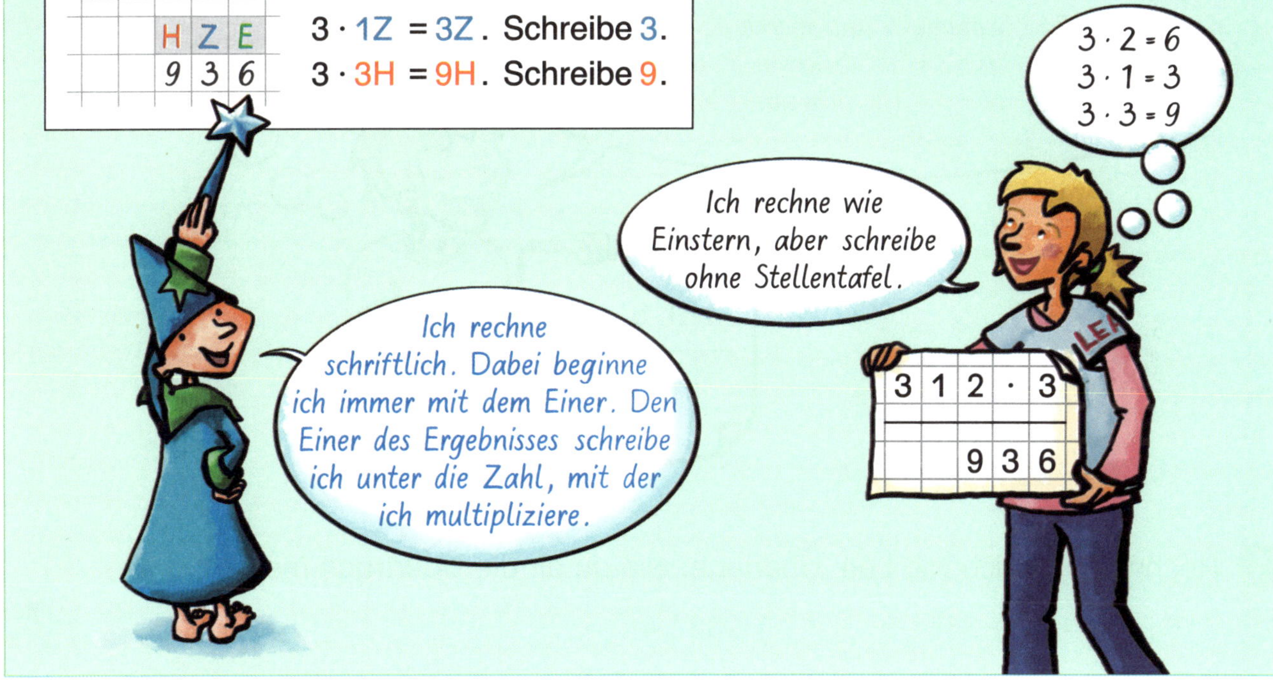

1 Betrachte die verschiedenen Rechenwege.
Rechne jede Aufgabe einmal auf deine Art und einmal schriftlich wie Lea.
So hast du auch eine Kontrolle für deine Lösung.

a) 403 · 2	b) 211 · 4	c) 231 · 3
d) 232 · 3	e) 133 · 3	f) 442 · 2
g) 3123 · 3	h) 2121 · 4	i) 4334 · 2

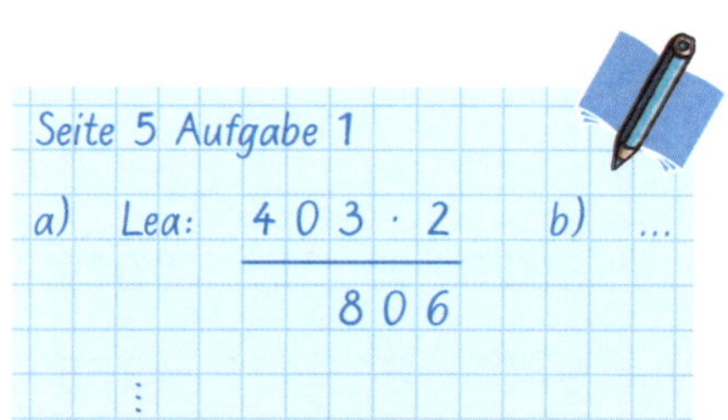

⋆ übertragen Vorgehensweisen und Fertigkeiten auf ähnliche Sachverhalte
⋆ erproben verschiedene Lösungswege

396 · 4 = ▢

Ich rechne schriftlich und merke mir die Überträge. Die Stellentafel hilft mir.

H	Z	E		
3	9	6	·	4
	T	H	Z	E
	1	5	8	4

Rechne so:

4 · 6E = 24E. Schreibe 4E, merke 2Z.
4 · 9Z = 36Z. 36Z + 2Z = 38Z. Schreibe 8Z, merke 3H.
4 · 3H = 12H. 12H + 3H = 15H. Schreibe 5H und 1T.

4 · 6 = 24. Schreibe 4 und merke 2.
4 · 9 = 36, 36 + 2 = 38. Schreibe 8 und merke 3.
4 · 3 = 12, 12 + 3 = 15. Schreibe 15.

Ich rechne schriftlich wie Einstern, schreibe aber kürzer ohne Stellentafel.

1 Rechne schriftlich wie Lea. Überlege, wie du dir die Überträge merkst.

a)	b)	c)
416 · 3	237 · 9	938 · 4
523 · 6	358 · 6	628 · 5
334 · 7	437 · 4	723 · 2

Seite 6 Aufgabe 1
a) 4 1 6 · 3 b) ...
1 2 4 8
⋮

2 Multipliziere die großen Zahlen auf die gleiche Weise.

a)	b)	c)
4352 · 4	8723 · 6	17438 · 4
6328 · 7	9517 · 8	65305 · 7
9403 · 6	4768 · 3	99999 · 2

Seite 6 Aufgabe 2
a) 4 3 5 2 · 4 b) ...
1 7 4 0 8
⋮

* vollziehen Rechenschritte an vorgegebenen Beispielen nach und übertragen sie auf das eigene Vorgehen
* erläutern ihr Vorgehen durch die nachvollziehbare Beschreibung ihrer Rechenschritte
* nutzen die fachlich richtige Sprechweise

→ AH Seite 40
→ Ü Seite 37

Schriftliches Multiplizieren üben

1 Rechne schriftlich. Erprobe verschiedene Möglichkeiten den Übertrag zu merken. Vergleiche mit den Ergebniszahlen.

a) 54 368 · 6
30 510 · 5
78 423 · 7

b) 13 840 · 7
423 250 · 2
210 423 · 4

c) 157 402 · 3
64 308 · 4
77 777 · 5

d) 68 557 · 8
43 417 · 9
463 528 · 2

Seite 7 Aufgabe 1
a) … b) …

e) Besprich mit anderen Kindern, wie ihr euch die Überträge merkt.

2 Achte hier beim schriftlichen Multiplizieren vor allem auf die Nullen. Prüfe mit einer Überschlagsrechnung.

a) 30 005 · 6
3 406 · 3
4 040 · 7

b) 12 060 · 4
40 209 · 6
104 060 · 5

c) 3 094 · 2
70 400 · 7
100 315 · 8

Seite 7 Aufgabe 2
a) 3 0 0 0 5 · 6
1 8 0 0 3 0
Ü: 3 0 0 0 0 · 6 = 1 8 0 0 0 0
⋮
b) …

3 Ergänze die fehlenden Ziffern.

a) 3 4 7 _ 6 · 5
1 7 3 5 8 0

b) 1 _ 7 _ 2 · 7
1 0 9 9 8 4

c) 2 3 4 5 8 · _
_ _ 0 7 4 8

d) 8 2 _ 4 9 · _
_ 4 6 7 4 7

e) _ 0 9 6 · 6
2 _ _ _ _

f) _ 7 1 _ · 3
1 1 _ 4 2

Seite 7 Aufgabe 3
a) … b) …

4 Zwei Ergebnisse sind falsch. Prüfe durch Überschlag und berechne sie neu.

a) 6405 · 6
38430

b) 4040 · 5
2200

c) 18006 · 8
12448

Seite 7 Aufgabe 4
a) … b) …

→ AH Seiten 41 und 42
→ Ü Seite 38

* erproben verschiedene Merkhilfen im Zusammenhang mit den Überträgen
* tauschen Erfahrungen mit anderen aus und setzen eigene und fremde Standpunkte in Beziehung
* übertragen ihre Kenntnisse auf erweiterte Sachverhalte

Ergebnisse überschlagen – Fehler finden und korrigieren

1 Berechne nur die Aufgaben genau, deren Ergebnisse zwischen 30000 und 40000 liegen. Überschlage zunächst, um diese Aufgaben zu finden.

a) 6418 · 6 b) 9758 · 9 c) 16704 · 2
d) 7858 · 5 e) 6814 · 6 f) 8009 · 5

Seite 8 Aufgabe 1
a) Ü: 6000 · 6 = 36000
6418 · 6
38508
b) Ü: ...
⋮

2 Immer zwei Aufgaben haben das gleiche Ergebnis.

19413 · 2 3051 · 8 176169 · 3
4068 · 6 167512 · 4 12942 · 3 83756 · 8
34518 · 5 58723 · 9 57530 · 3

Seite 8 Aufgabe 2
19413 · 2 = 12942 · 3
⋮

3 Überschlage jeweils zuerst und finde so die falschen Lösungen.
Rechne diese Aufgaben noch einmal und notiere, welche Fehler gemacht wurden.

a)	b)	c)
61512 · 8	12067 · 8	48412 · 7
52096	816536	338884

d)	e)	f)
3012 · 8	24852 · 3	16314 · 4
2496	64556	5256

Seite 8 Aufgabe 3
a) Ü: 60000 · 8 = 480000
61512 · 8
49209 6
8 · 1 vergessen zu rechnen
b) ...

4 Finde heraus, welche Fehler jeweils gemacht wurden. Notiere Rechentipps.

a)	b)	c)
3827 · 3	53006 · 4	4368 · 5
9461	21224	40
		30
		15
		20
		1
		105

d)	e)	f)
7207 · 6	54817 · 2	2819 · 4
49248	143690	832436

Seite 8 Aufgabe 4
a) Überträge vergessen b) ...
Tipp:

* überprüfen Ergebnisse auf ihre Angemessenheit, finden und korrigieren Fehler
* kategorisieren Fehler und leiten daraus Rechentipps ab
* geben die ungefähre Größenordnung der Ergebnisse durch Überschlagsrechnung an

Kommazahlen schriftlich multiplizieren

1 Betrachte die verschiedenen Rechenwege.
Löse jede Aufgabe mit den verschiedenen Rechenwegen.

a) 4,95 € · 5 b) 52,38 € · 4 c) 7,53 € · 6

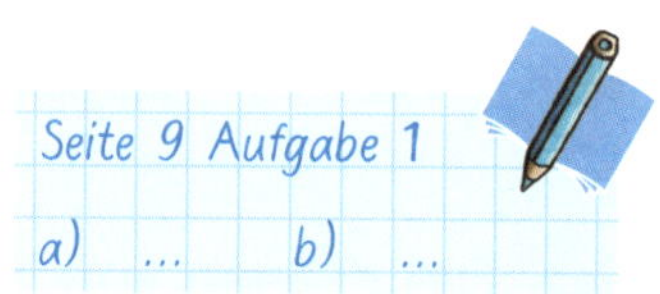

2 Ein Kasten Mineralwasser kostet 5,49 €.
Berechne schriftlich wie Lea den Preis für …

a) … 3 Kästen. b) … 5 Kästen.
c) … 8 Kästen. d) … 9 Kästen.

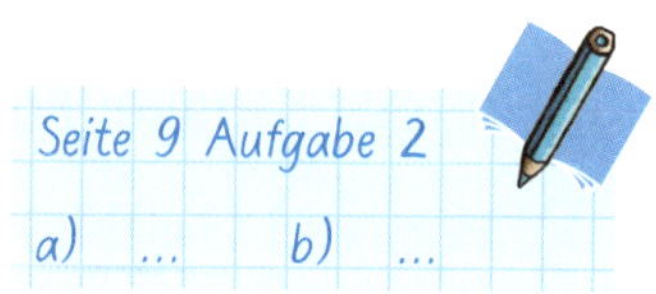

3 Ein Kasten Orangensaft kostet 11,34 €.
Berechne schriftlich den Preis für …

a) … 3 Kästen. b) … 4 Kästen.
c) … 6 Kästen. d) … 7 Kästen.

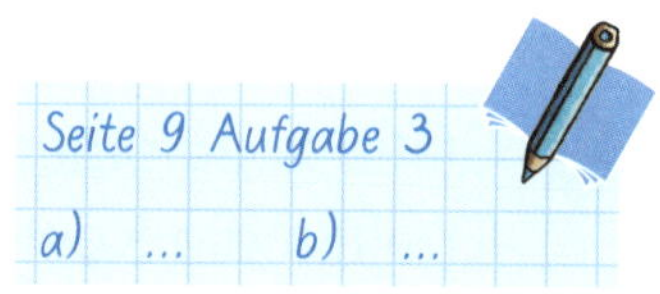

→ AH Seite 43
→ Ü Seite 39

* entnehmen Problemstellungen die für die Lösung relevanten Informationen
* übertragen Vorgehensweisen auf ähnliche Sachverhalte

Kosten für ein gemeinsames Frühstück berechnen

1 Die Klasse von Tim und Lea frühstückt am letzten Schultag vor den Osterferien gemeinsam.

a) Wie viel kostet der Einkauf für das Frühstück?

b) In der Klassenkasse sind noch 45 €. Reicht das?

c) Wie viel Geld ist nach dem Frühstück in der Klassenkasse, wenn alle 26 Kinder je 1 € bezahlen?

d) Auf was könnte die Klasse verzichten, wenn das Frühstück nicht teurer als 45 € werden soll?

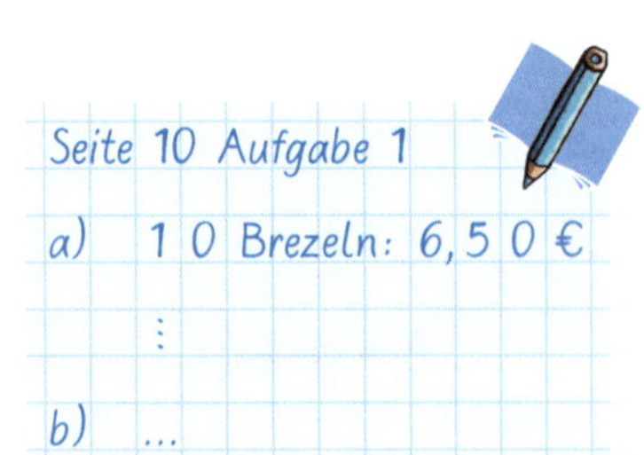

2 Stelle zusammen, was du für ein Frühstück in deiner Klasse kaufen würdest. Ermittle die Kosten.

* übersetzen Problemstellungen aus Sachsituationen in ein mathematisches Modell und lösen sie mit Hilfe des Modells
* übertragen Vorgehensweisen auf Aufgabenstellungen ihrer Lebensrealität in der Klasse

321 · 24 =

H	Z	E		Z	E
3	2	1	·	2	4

T	H	Z	E
6	4	2	
+ 1	2	8	4
	1		
7	7	0	4

Rechne so:

2Z · 1E = 2Z. Schreibe 2.
2Z · 2Z = 4H. Schreibe 4.
2Z · 3H = 6T. Schreibe 6.
4E · 1E = 4E. Schreibe 4.
4E · 2Z = 8Z. Schreibe 8.
4E · 3H = 12H = 2H und 1T. Schreibe 2.
Schreibe 1.
Addiere dann beide Ergebnisse.

273 · 24 =

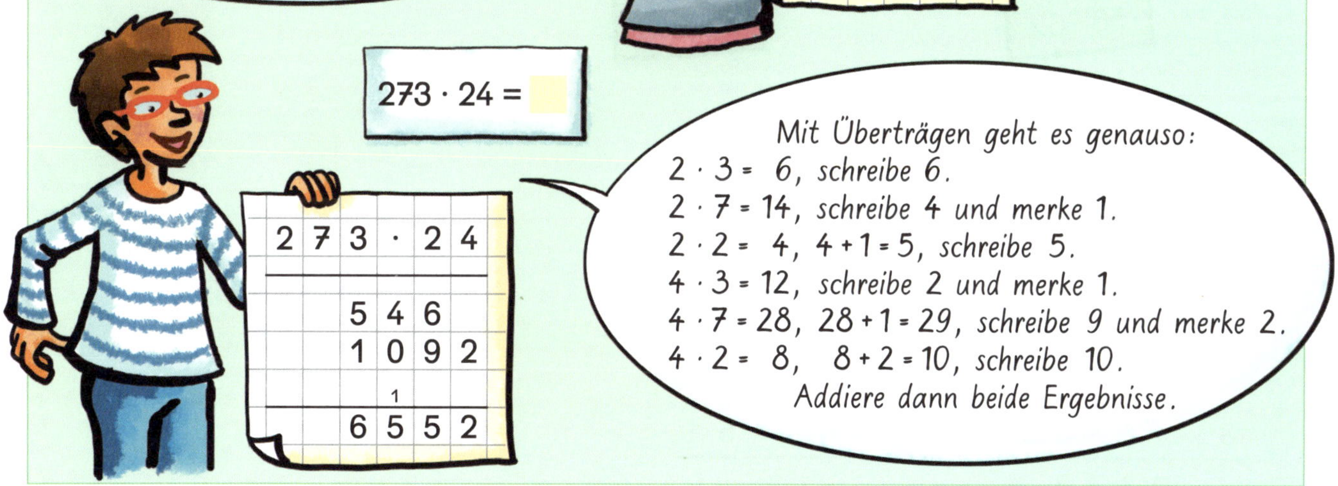

1 Rechne jede Aufgabe wie Lea und Tim.

a)	b)	c)
73 · 24	326 · 13	3412 · 15
81 · 43	511 · 16	2134 · 12
92 · 42	423 · 14	6549 · 17

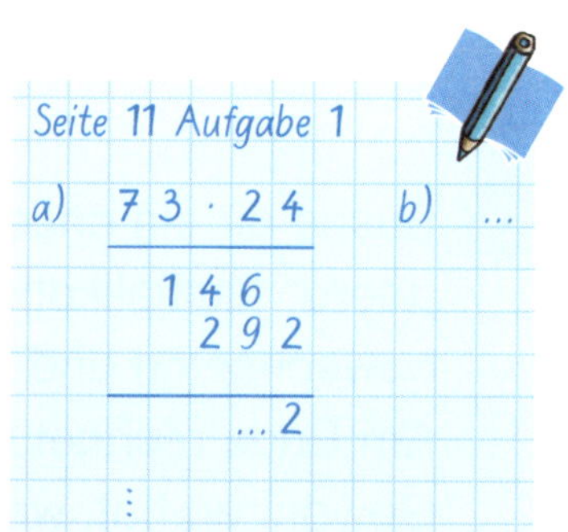

→ AH Seite 44

* übertragen bekannte Vorgehensweisen auf erweiterte Sachverhalte, die Multiplikation mit zweistelligen Faktoren
* erläutern ihr Vorgehen durch die nachvollziehbare Beschreibung ihrer Rechenschritte

Schriftliches Multiplizieren mit zweistelligen Zahlen üben

1 Rechne schriftlich, vergleiche mit den Kontrollzahlen.

a)	b)	c)
435 · 58	4514 · 23	22222 · 55
308 · 34	6419 · 46	22312 · 35
465 · 73	5037 · 62	40248 · 19
385 · 29	8317 · 91	16050 · 43

10472, 11165, 25230, 33945, 103822, 295274, 312294, 690150, 756847, 764712, 780920, 1222210

Seite 12 Aufgabe 1
a) … b) …

2 Vier Ergebnisse sind falsch. Finde sie, indem du überschlägst und die Einerstelle des angegebenen Ergebnisses überprüfst. Berechne die richtigen Ergebnisse.

a) 407 · 65 = 2645
b) 654 · 73 = 47742
c) 368 · 33 = 12142
d) 215 · 88 = 1892
e) 597 · 23 = 13730
f) 738 · 43 = 31734

Seite 12 Aufgabe 2
a) falsch b) …
407 · 65
…

3 Berechne nur die Aufgaben, deren Ergebnis zwischen 3000 und 4000 liegt.

68 · 53 312 · 15 97 · 34 461 · 12
55 · 62 736 · 5

Seite 12 Aufgabe 3
…

4 Ergänze die fehlenden Ziffern.

a)
```
 8 □ · 3 □
---------
   □ 4 6
     1 6 4
---------
   □ □ □ □
```

b)
```
 □ 3 4 4 · 3 □
-------------
   1 6 □ □ □
     □ □ □ 8 8
-------------
   1 7 □ □ 0 8
```

c)
```
 3 □ □ 4 · 3 5
-------------
     9 3 7 2
     □ □ 6 2 0
-------------
   □ □ □ □ □ □
```

d)
```
 □ □ □ · 5 1
-----------
   □ □ □ □
       4 3 5
-----------
   □ □ □ □ □
```

Seite 12 Aufgabe 4
a) … b) …

5 Suche dir ein anderes Kind. Jeder zeichnet eine „leere" Multiplikationsaufgabe auf. Würfelt dann abwechselnd und tragt die gewürfelten Ziffern ein. Am Ende rechnet ihr die Aufgaben aus. Gewonnen hat, wer das höchste Ergebnis erzielt.

* übertragen ihre Kenntnisse auf erweiterte Sachverhalte
* geben die ungefähre Größenordnung der Ergebnisse durch Überschlagsrechnung an
* erproben mit anderen Kindern systematisch und zielorientiert und nutzen die Einsicht in Zusammenhänge

→ AH Seite 45
→ Ü Seite 40

1 Finde heraus, welche Fehler jeweils gemacht wurden. Suche Erklärungen. Wähle den richtigen Rechentipp.

1 Einmaleins üben
2 Mit dem Zehner beginnen
3 Jede Stelle multiplizieren
4 Richtig untereinanderschreiben
5 An die Überträge denken
6 Überträge nicht in die Rechnung schreiben

a)
```
 568 · 34
 2204
   2273
      1
 24313
```

b)
```
 465 · 73
 3255
 1395
  1 1
 4650
```

c)
```
  3415 · 42
 1216420
     68210
   1 1
 12232410
```

Seite 13 Aufgabe 1
a) verrechnet beim Multiplizieren Tipp 1.
b) ...

d)
```
 4514 · 87
 31598
   36112
  1 1
 352092
```

e)
```
 7458 · 65
 42408
   35050
      1
 459130
```

f)
```
 34052 · 87
 24416
  238364
   1   1
 482524
```

g)
```
 4512 · 88
3240816
 3240816

35648976
```

h)
```
 32757 · 27
  65514
  229298
   1   1
  884438
```

i)
```
 9493 · 53
 47465
 28479
 1  1 1
 75944
```

2 Rechne zu jeder Überschlagsrechnung eine passende Aufgabe.

1000 · 80 | 400 · 50 | 700 · 40 | 8000 · 70 | 600 · 90 | 900 · 20

917 · 18	968 · 71	7560 · 66	1040 · 76
574 · 88	483 · 54	735 · 39	398 · 47

Seite 13 Aufgabe 2
a) 1000 · 80 = 80000
1040 · 76
...
⋮

→ AH Seite 46
→ Ü Seite 41

* überprüfen Ergebnisse, kategorisieren Fehler und leiten daraus passende Rechentipps ab
* geben die ungefähre Größenordnung der Ergebnisse durch Überschlagsrechnung an

Besondere Aufgaben lösen und Begründungen finden

1 Löse die Aufgaben. Schreibe auf, was dir auffällt.

a) 23 · 64 =
32 · 46 =

b) 31 · 26 =
13 · 62 =

c) 24 · 84 =
42 · 48 =

d) Schreibe auf, was dir auffällt.

Seite 14 Aufgabe 1
a) 2 3 · 6 4 … 3 2 · 4 6 …
b) …

2 Untersuche Multiplikationsaufgaben mit Spiegelzahlen.

a) Probiere, ob das bei allen Aufgaben mit Spiegelzahlen so ist.

b) Betrachte die einzelnen Ziffern der Zahlen, die in Aufgabe **1** multipliziert werden. Wie hängen sie zusammen? Finde selbst ein Aufgabenpaar, bei dem du bei der Multiplikation der beiden Spiegelzahlen gleiche Ergebnisse erhältst.

Seite 14 Aufgabe 2
a) … b) …

3 Löse die Zahlenrätsel jeweils mit mehreren verschiedenen Zahlen.

a) Multipliziere eine beliebige dreistellige Zahl zuerst mit 25 und anschließend das Ergebnis mit 4.

b) Multipliziere eine beliebige dreistellige Zahl mit 5 und dann das Ergebnis mit 20.

c) Multipliziere eine beliebige dreistellige Zahl mit 25 und anschließend das Ergebnis mit 40.

d) Multipliziere eine beliebige dreistellige Zahl mit 50 und dann das Ergebnis mit 20.

Seite 14 Aufgabe 3
a) … b) …

4 Was fällt dir bei Aufgabe **3** auf, wenn du deine gewählten Ausgangszahlen und die Ergebniszahlen vergleichst? Suche eine Erklärung dafür.

Seite 14 Aufgabe 4
…

5 Löse die Aufgabenpaare.

a) 125 · 24 =
250 · 12 =

b) 7686 · 21 =
3843 · 42 =

c) 15433 · 64 =
30866 · 32 =

Seite 14 Aufgabe 5
a) … b) …

6 Erkläre, weshalb die beiden Ergebnisse in Aufgabe **5** jeweils gleich sind. Stelle selbst solche Aufgabenpaare zusammen und schreibe sie mit den Ergebnissen auf.

Seite 14 Aufgabe 6
…

* entnehmen Problemstellungen relevante Informationen und geben sie in eigenen Worten wieder
* stellen Vermutungen über mathematische Zusammenhänge an, bestätigen oder widerlegen sie anhand von Beispielen
* erklären Beziehungen und Gesetzmäßigkeiten an Beispielen und vollziehen Begründungen anderer nach

Den Erlös des Kuchenverkaufs berechnen

1 Die Klasse von Tim und Lea veranstaltet in der großen Pause einen Kuchenverkauf. Von den Einnahmen werden zuerst die Zutaten bezahlt. Das übrige Geld möchte die Klasse an ein Kinderheim spenden. Die Kinder besorgen sich ein Rezept und informieren sich, wie teuer die Zutaten sind.

Rezept für einen Nusskuchen
in der Kastenform

Zutaten:

250 g	geriebene Haselnüsse
50 g	Bitterschokolade
250 g	Butter
200 g	Zucker
1	Päckchen Vanillezucker
4	Eier
250 g	Mehl
1	Päckchen Backpulver
1	Päckchen Schokoglasur

Zubereitung

Die Schokolade in sehr kleine Stücke schneiden. Die Zutaten alle nacheinander zu einem Rührteig verarbeiten. Den Teig in eine gefettete Kastenform füllen und bei 180° C ungefähr 60 Minuten backen. Den kalten Kuchen mit Schokoglasur bestreichen.

Preise der Zutaten:

200 g	geriebene Haselnüsse	2,20 €
100 g	Bitterschokolade	0,72 €
250 g	Butter	1,49 €
1000 g	Zucker	1,10 €
5	Päckchen Vanillezucker	1,10 €
10	Eier	2,50 €
500 g	Mehl	0,68 €
3	Päckchen Backpulver	0,99 €
1	Päckchen Schokoglasur	1,29 €

Die Kinder backen zwölf Kuchen. Einen Kuchen schneiden sie in 20 Stücke. Ein Stück verkaufen sie für 80 Cent.

Berechne jeweils für einen Kuchen …

a) … den Preis für die Zutaten.

b) … die Einnahmen beim Verkauf.

c) … den Gewinn, der gespendet wird.

Seite 15 Aufgabe 1
a) 250 g Haselnüsse 2,75 €
50 g …
⋮
b) …

2 Berechne die Beträge aus Aufgabe **1** für zwölf Kuchen.

Seite 15 Aufgabe 2
…

3 Wie viele Kuchen müssten sie bei einem Verkaufspreis von 80 Cent pro Stück mindestens verkaufen, wenn sie …

a) … mindestens 80 Euro spenden wollen?

b) … 120 Euro spenden wollen?

Seite 15 Aufgabe 3
a) … b) …

1 Tim und Lea sammeln Zahlen zu ihrer vierjährigen Grundschulzeit.

Ein Schuljahr hat 38 Schulwochen.

In der 4. Klasse haben wir jede Woche 26 Stunden Unterricht.

In einer Woche haben wir 6 Stunden Deutsch und 5 Stunden Mathematik.

Eine Woche hat 5 Schultage.

Eine Unterrichtsstunde dauert 45 Minuten.

Tim braucht für seinen Schulweg 10 Minuten.

Leas Schulweg ist 1,5 km lang.

Jeden Tag haben wir 20 Minuten große Pause.

Sie haben sich dazu ein Rechenquiz ausgedacht.
Beantworte die Fragen.
Schreibe Rechnungen und Antworten auf.

Seite 16 Aufgabe 1
a) … b) …

a) Wie viele Wochen gehen wir in der vierjährigen Grundschulzeit in die Schule?
b) Wie viele Schultage haben wir etwa in vier Jahren?
c) Wie viele Wochen Ferien haben wir in einem Schuljahr?
d) Wie viele Ferienwochen sind das in vier Jahren?
e) Wie viele Stunden große Pause haben wir in einem Schuljahr?

2 Überprüfe Leas und Tims Behauptungen.

Seite 16 Aufgabe 2
a) … b) …

a) Lea: „In einem Schuljahr habe ich 570 km Schulweg zurückgelegt."
b) Tim: „Im 4. Schuljahr haben wir 1 000 Stunden in der Schule verbracht."
c) Lea: „In einem Schuljahr haben wir 8 550 Minuten Mathematik."

3 Schreibe selbst weitere richtige Behauptungen auf. Vergleiche deine Ideen und Ergebnisse mit denen anderer Kinder.

Seite 16 Aufgabe 3
…

* entnehmen Sachsituationen Informationen und unterscheiden jeweils zwischen relevanten und nicht relevanten Informationen
* überprüfen Aufgaben auf Plausibilität
* finden zu gegebenen mathematischen Modellen eigene Sachsituationen und vergleichen sie mit denen anderer Kinder

1 Finde zu den Informationen Fragen, Rechnungen und Antworten.

a) In drei Sekunden werden auf der ganzen Welt neun Babys geboren.

b) Eine Kuh gibt an einem Tag zwischen 15 und 40 Liter Milch.

c) Lea braucht für einmal Zähneputzen vier Minuten.

d) Tim atmet in einer Minute 23-mal ein und aus.

Seite 17 Aufgabe 1
a) … b) …

2 Die Kinder haben sich gegenseitig Multiplikationsaufgaben aufgeschrieben, zu denen eine Rechengeschichte gefunden werden soll.

365 · 15

2,50 € · 52

25 · 52

25 · 24

a) Ordne den Rechengeschichten der Kinder die passenden Aufgaben zu. Notiere Rechnung und Antwort im Heft.

b) Schreibe zu mindestens zwei der Aufgaben eine eigene Rechengeschichte.

c) Erfinde selbst eine Aufgabe und eine passende Rechengeschichte.

d) Erfinde für ein anderes Kind eine Aufgabe, zu der es eine Rechengeschichte finden soll.

e) Erfinde eine Rechengeschichte, zu der ein anderes Kind eine passende Aufgabe finden soll.

Seite 17 Aufgabe 2
a) Tim: … b) …
⋮

* finden zu gegebenen mathematischen Modellen eigene passende Problemstellungen und entwickeln eigene Fragestellungen

DIE KÖNIGIN DER TIERE

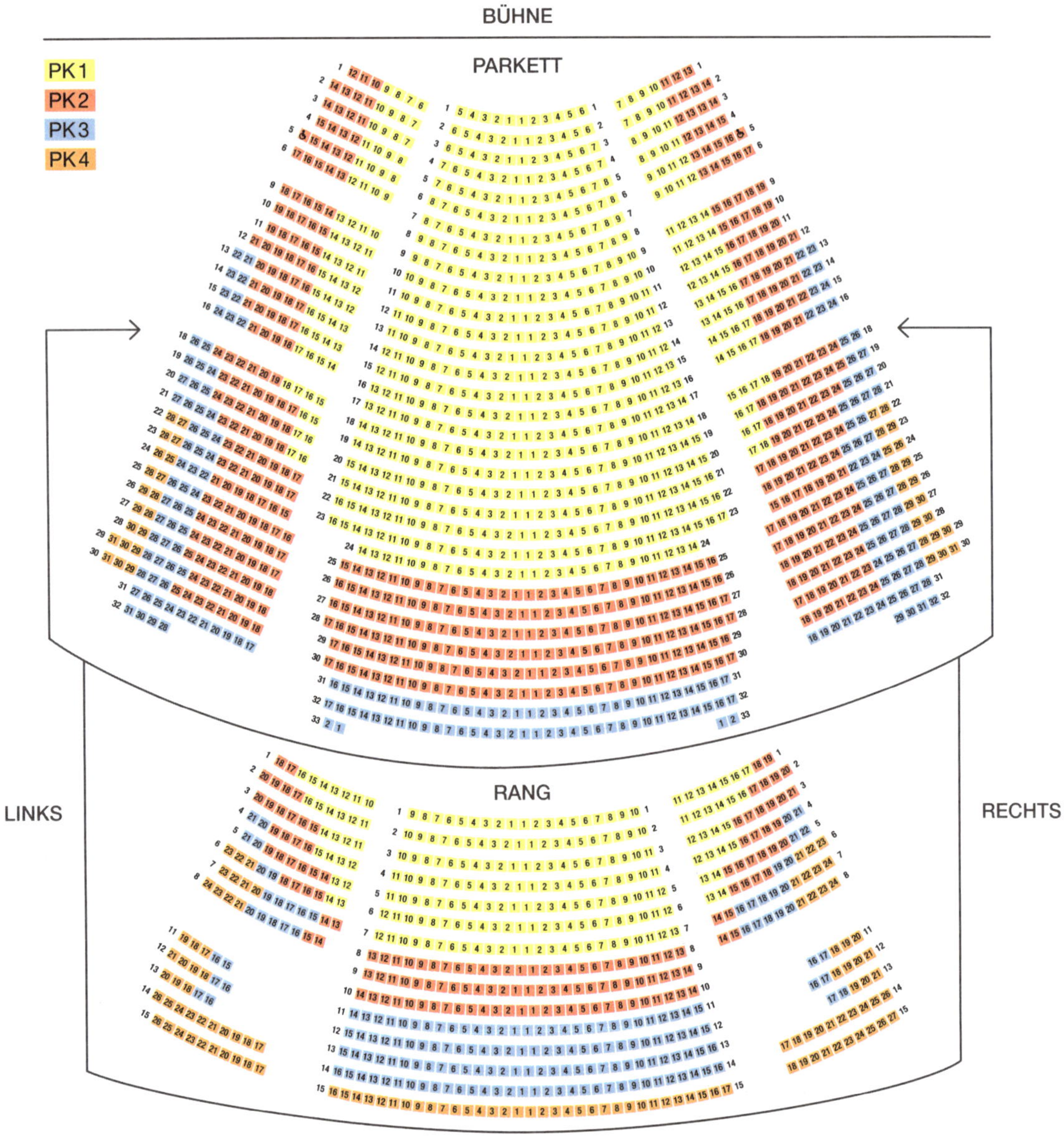

PK = Preiskategorie	PK 4	PK 3	PK 2	PK 1
	in €	in €	in €	in €
Di 18:30 Uhr, Mi 18:30 Uhr, So 19:00 Uhr	49,89	75,19	97,04	110,84
Do 20:00 Uhr, So 14:00 Uhr	75,19	86,69	110,84	121,19
Fr 20:00 Uhr, Sa 14:00 Uhr	75,19	97,04	114,29	126,94
Sa 19:00 Uhr	86,69	110,84	121,19	146,49

Ermäßigte Preise für Di 18:30 Uhr, Mi 18:30 Uhr, So 19:00 Uhr				
PK = Preiskategorie	PK 4	PK 3	PK 2	PK 1
	in €	in €	in €	in €
Kinder (bis 14 Jahre)	–	60,95	78,43	89,47
Schüler, Studenten, Azubis, Bundesfreiwillige	–	68,07	87,73	100,15
Behinderte Personen (min. 70 %)	–	60,95	78,43	89,47
Rollstuhlfahrer / Begleitung	–	60,95	78,43	89,47
Senioren (ab 65 Jahre; nicht Di)	–	68,07	87,73	100,15

Zahlen rund um ein Musical bearbeiten 2

1 Betrachte gemeinsam mit einem anderen Kind den Saalplan.
Besprecht eure Beobachtungen.
Die folgenden Fragen helfen dabei.

a) Welche unterschiedlichen Bezeichnungen (Einteilungen) gibt es?

b) Wie ist die Nummerierung in den einzelnen Reihen aufgebaut?

c) Wie viele Plätze gibt es im Theater? Schätzt zuerst. Berechnet dann durch geschicktes Zusammenfassen und Zählen die genaue Zahl.

d) Stellt in einer Tabelle zusammen, wie viele Plätze es in jeder Preiskategorie gibt.

e) Sucht selbst weitere Fragen und Antworten.

Seite 19 Aufgabe 1
c) ... d) ...

2 Berechne Preisunterschiede. Schreibe Vergleiche auf:
Eine Karte in Preiskategorie … kostet … € mehr/weniger als in Preiskategorie …

Seite 19 Aufgabe 2
...

3 Berechne jeweils für mindestens zwei Preiskategorien, …

a) … wie viel Familie Bauer bezahlen muss (2 Erwachsene, 2 Senioren und 2 Schüler).

b) … wie viel der Musical-Besuch für dich und deine Familie kosten würde.

c) … wie teuer ein Besuch für deine Klasse wäre.

d) Mit wem würdest du am liebsten das Musical besuchen? Berechne den Eintrittspreis.

Seite 19 Aufgabe 3
a) ... b) ...

4 Im Internet findest du auch zu anderen Musicals entsprechende Saalpläne und Preislisten.
Dort kannst du dich noch zu weiteren Angeboten informieren.

→ AH Seite 47

* entnehmen Sachsituationen relevante Informationen
* entwickeln im Rahmen von Sachsituationen eigene Fragestellungen
* übersetzen Problemstellungen aus Sachsituationen in ein mathematisches Modell und lösen sie

1 Löse die Zahlenrätsel. Schreibe die Rechnungen in dein Heft.
Die Ergebniszahlen findest du in den Sternen.

Seite 20 Aufgabe 1
…

2 Setze die Ziffern 5 3 8 1 4 in die Aufgabe ☐☐☐ · ☐☐ ein.
Schreibe jeweils alle Lösungen auf, so dass du …

a) … das kleinste mögliche Ergebnis erhältst.
b) … ein Ergebnis mit der Endziffer 0 erhältst.
c) … ein Ergebnis mit der Endziffer 4 erhältst.
d) … ein Ergebnis mit der Endziffer 3 erhältst.

Seite 20 Aufgabe 2
a) … b) …

3 Finde zwei Nachbarzahlen, für die gilt:

a) ☐☐ · ☐☐ = 342
b) ☐☐ · ☐☐ = 420
c) ☐☐ · ☐☐ = 992
d) ☐☐ · ☐☐ = 4692

Seite 20 Aufgabe 3
a) … b) …

* übersetzen Problemstellungen in ein mathematisches Modell und lösen sie mithilfe des Modells
* verwenden Fachbegriffe richtig
* probieren zunehmend systematisch und zielorientiert und nutzen dabei die Einsicht in Zusammenhänge

Multiplizieren mit der Gittermethode

Im 16. Jahrhundert lösten Rechenmeister Multiplikationsaufgaben mit Malstreifen. Diese wurden von dem schottischen Mathematiker John Neper erfunden, daher ihr Name „Nepersche Streifen“. Eine Abbildung dieser Streifen siehst du rechts. Aus ihnen ist die Gittermethode entstanden.

7 · 6 = 42 53 · 6 = 318 127 · 43 = 5461

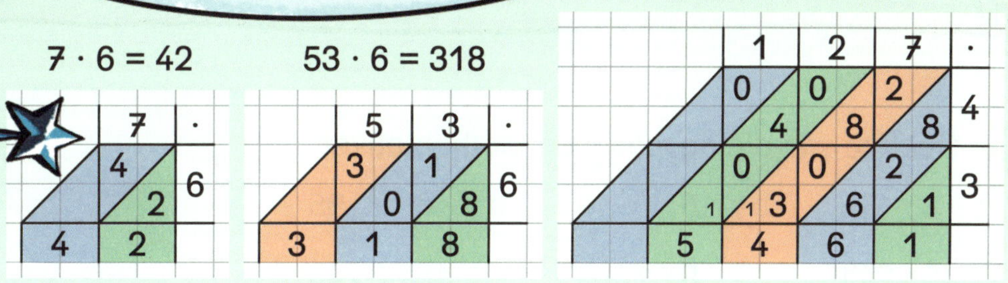

1 Lies Aufgabe und Ergebnis ab.

a)

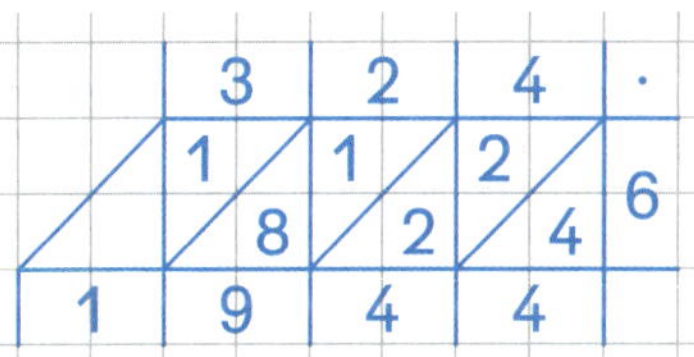

b)

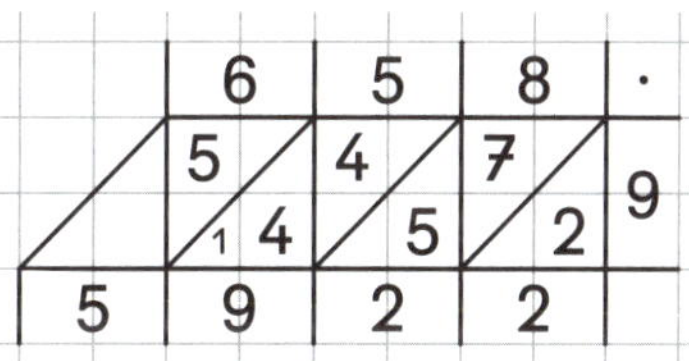

Seite 21 Aufgabe 1
a) 3 2 4 · 6 = 1 9 4 4
b) ...

c)

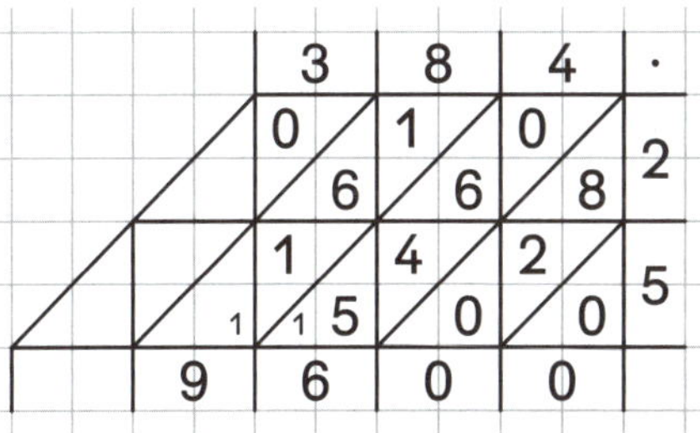

d)

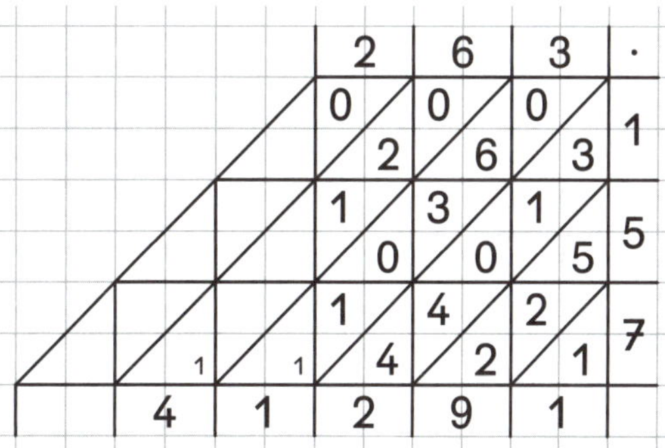

2 Löse die Aufgaben mit der Gittermethode.

a) 83 · 7 b) 36 · 5 c) 42 · 61

d) 25 · 63 e) 217 · 326 f) 537 · 218

Seite 21 Aufgabe 2
a) ... b) ...

* entnehmen einer Problemstellung relevante Informationen
* übertragen bekannte Vorgehensweisen auf ein verändertes Modell

Ein ägyptisches Rechenverfahren kennen lernen

Vor etwa 4000 Jahren lösten ägyptische Mathematiker Multiplikationsaufgaben über Verdopplung und Addition. Mit unseren Zahlzeichen dargestellt, sah das so aus:

8	· 27
1	27
2	54
4	108
8	216

$8 \cdot 27 = 216$

11	· 27
1	27
2	54
4	108
8	216
	297

$11 \cdot 27 = 297$

17	· 27
1	27
2	54
4	108
8	216
16	432
	459

$17 \cdot 27 = 459$

1 Rechne wie die ägyptischen Mathematiker.

a) $8 \cdot 125$ b) $16 \cdot 18$ c) $6 \cdot 35$

d) $15 \cdot 241$ e) $9 \cdot 1560$ f) $18 \cdot 3240$

Seite 22 Aufgabe 1

a) 8 · 125   b) ...

1	125
2	250
⋮	

2 Setze die Einmaleinsreihe mit den passenden Zerlegungen fort.

Seite 22 Aufgabe 2

$9 \cdot 27 = 8 \cdot 27 + 1 \cdot 27$

$10 \cdot 27 = \ldots$

⋮

3 Gibt es Aufgaben, die du beim Kopfrechnen ähnlich löst? Schreibe sie auf.

Seite 22 Aufgabe 3

...

* entnehmen einer Problemstellung relevante Informationen und übertragen diese auf das eigene Vorgehen
* stellen Vermutungen über mathematische Zusammenhänge an, bestätigen oder widerlegen diese anhand von Beispielen

Vor einigen hundert Jahren rechnete man oft mit dem Malkreuz.

289 · 80

×	80
200	16 000
80	6 400
9	720
	23 120

15 · 42

×	40	2	
10	400	20	
5	200	10	
	600	30	630

1 Lies jeweils die Aufgabe und das Ergebnis ab.

a)

×	5
40	200
3	15
	215

b)

×	8
60	480
7	56
	536

c)

×	4
100	400
20	80
6	24
	504

Seite 23 Aufgabe 1
a) 43 · 5 = 215 b) ...

d)

×	10	7	
20	200	140	
4	40	28	
	240	168	408

e)

×	20	8	
60	1 200	480	
7	140	56	
	1 340	536	1 876

f)

×	5
400	2 000
30	150
7	35
	2 185

g)

×	30	6	
200	6 000	1 200	
50	1 500	300	
8	240	48	
	7 740	1 548	9 288

2 Berechne die Aufgaben mit dem Malkreuz.

a) 77 · 5 =
83 · 7 =
29 · 8 =

b) 28 · 13 =
47 · 25 =
69 · 16 =

c) 317 · 6 =
125 · 12 =
432 · 18 =

Seite 23 Aufgabe 2
a) ... b) ...

3 Für welche Aufgaben findest du diese Methode geeignet? Für welche nicht? Begründe.

Seite 23 Aufgabe 3
...

* entnehmen einer Problemstellung relevante Informationen und übertragen diese auf eigenes Vorgehen
* erklären Beziehungen und Gesetzmäßigkeiten und vollziehen Begründungen nach

Schriftliches Multiplizieren mit dreistelligen Zahlen kennen lernen

1 Schau dir die Rechenwege an. Berechne die Aufgaben wie Lea.

a) 273 · 241
685 · 432

b) 2326 · 137
3582 · 165

c) 3412 · 158
2154 · 126

Seite 24 Aufgabe 1
...

2 Berechne die Zeiten für einen Monat und für ein Jahr.
Schreibe passende Aussagesätze in dein Heft.

Seite 24 Aufgabe 2
a) ... b) ...

a) Lea flötet täglich 15 Minuten.

b) Tim schläft täglich etwa 645 Minuten.

c) Maja spielt jede Woche etwa 720 Minuten mit ihrer Freundin.

d) Finde selbst ähnliche Beispiele, löse dazu die passenden Aufgaben.
Stelle deine Aufgaben einem anderen Kind vor.

* entnehmen vorgegebenen Beispielen relevante Informationen und übertragen diese auf das eigene Vorgehen
* übertragen bisherige Kenntnisse auf erweiterte Aufgabenstellungen, die Multiplikation mit dreistelligen Faktoren

In der Umgebung Kreise entdecken

1 Finde weitere kreisförmige Alltagsgegenstände.
Schreibe sie auf oder zeichne sie.

Seite 25 Aufgabe 1
Tellerrand, ...

2 In der Malerei und in der Architektur findet man häufig kreisförmige Abbildungen oder Bauwerksteile.

Julio le Parc: Couleur 4, 1971

Robert Delaunay: Rhythms, 1934

Notre-Dame de Chartres

Male selbst ein Kunstwerk, das aus vielen Kreisen besteht.

Oder: Schneide gemeinsam mit einem anderen Kind aus Zeitungen und Katalogen kreisförmige Gegenstände aus. Fertigt eine Collage an.

→ AH Seite 48

Mit Alltagsgegenständen Kreise zeichnen

1 Zeichne Kreise auf unterschiedliche Arten. Die Bilder zeigen einige Beispiele. Welche Methoden findest du noch?

2 Zeichne mit Hilfe von Gegenständen solche oder ähnliche Figuren aus Kreisen.

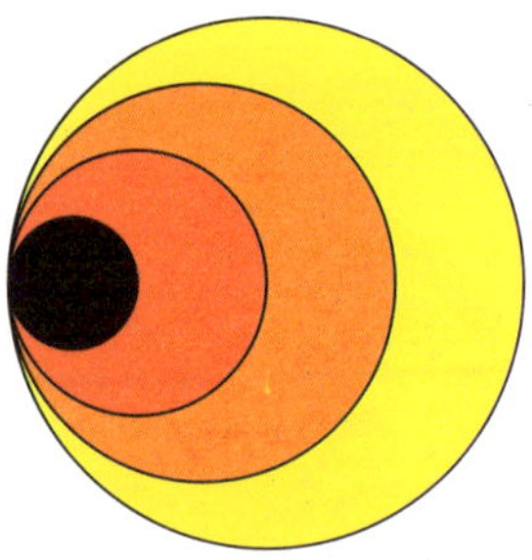

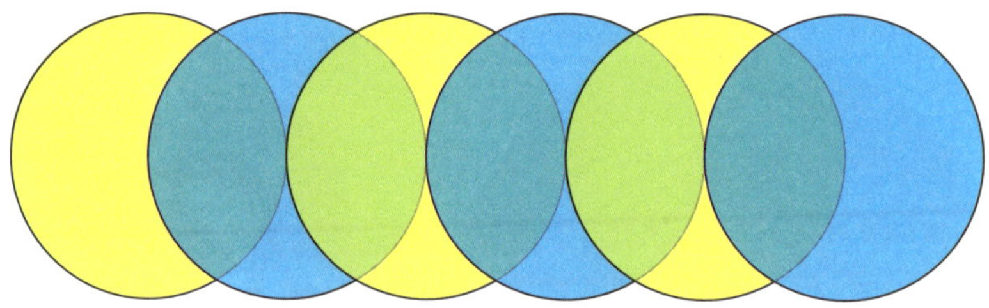

3 Zeichne große Kreise.

a) Zeichne gemeinsam mit einem anderen Kind mit Hilfe einer Schnur und Kreide einen oder mehrere Kreise auf den Schulhof.

b) Ihr könnt auch aus mehreren Kreisen ein Wurfspiel oder ein Hüpfspiel zeichnen und dazu eine Spielanleitung entwerfen.

⋆ zeichnen Kreise mit unterschiedlichen Zeichengeräten und Hilfsmitteln

1 Zeichne mit dem Zirkel verschiedene Kreise. Stelle durch unterschiedliche Versuche fest, wie du den Zirkel dabei am besten hältst. Sprich mit anderen Kindern darüber.

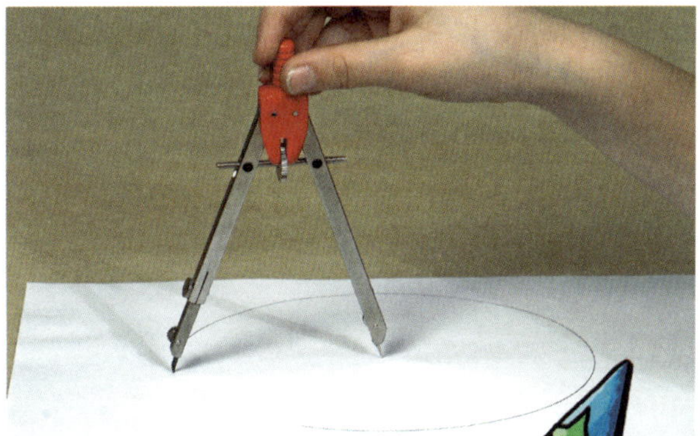

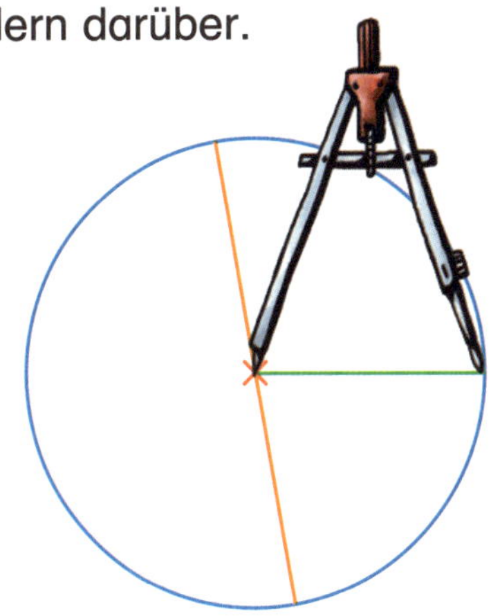

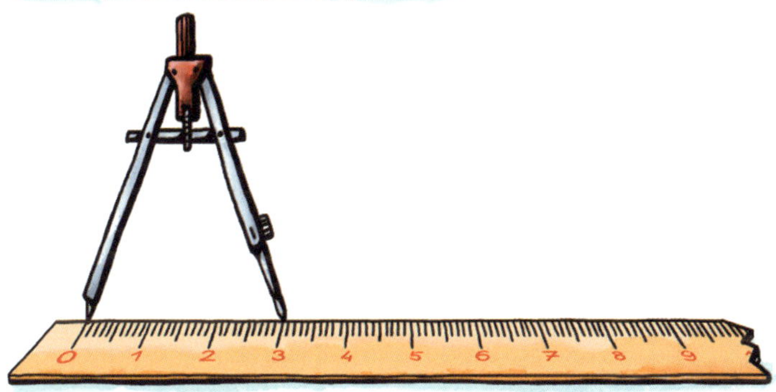

2 Zeichne mit dem Zirkel Kreise mit unterschiedlichen Radien ins Heft. Für die Einstellung des Zirkels benötigst du ein Lineal oder das Geodreieck.

a) Radius 3 cm, 4 cm, 5 cm, 6 cm

b) Radius 3 cm 5 mm, 4 cm 3 mm, 5 cm 4 mm

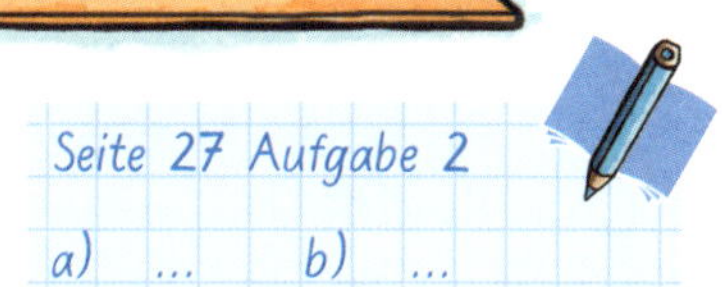

3 Zeichne mit dem Zirkel diese Kreismuster und male sie aus. Gestalte auch eigene Muster.

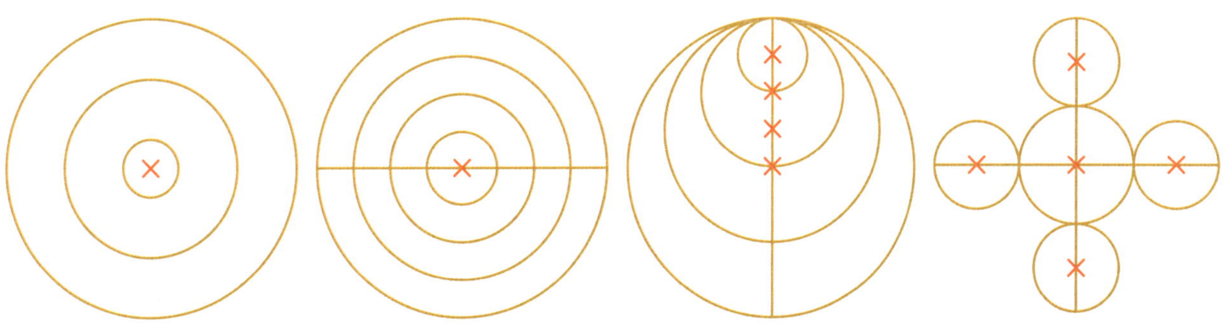

⋆ zeichnen mit angemessener Handhabung mit dem Zirkel Kreise
⋆ verwenden Fachbegriffe richtig
⋆ übertragen vorgegebene Kreismuster und erfinden eigene

→ Ü Seite 42

Mit dem Zirkel Schmuckfiguren zeichnen

1 Zeichne mindestens vier der folgenden Schmuckfiguren mit dem Zirkel in dein Heft. Die Kästchen helfen dir, den Mittelpunkt und den Radius der Kreise zu finden.

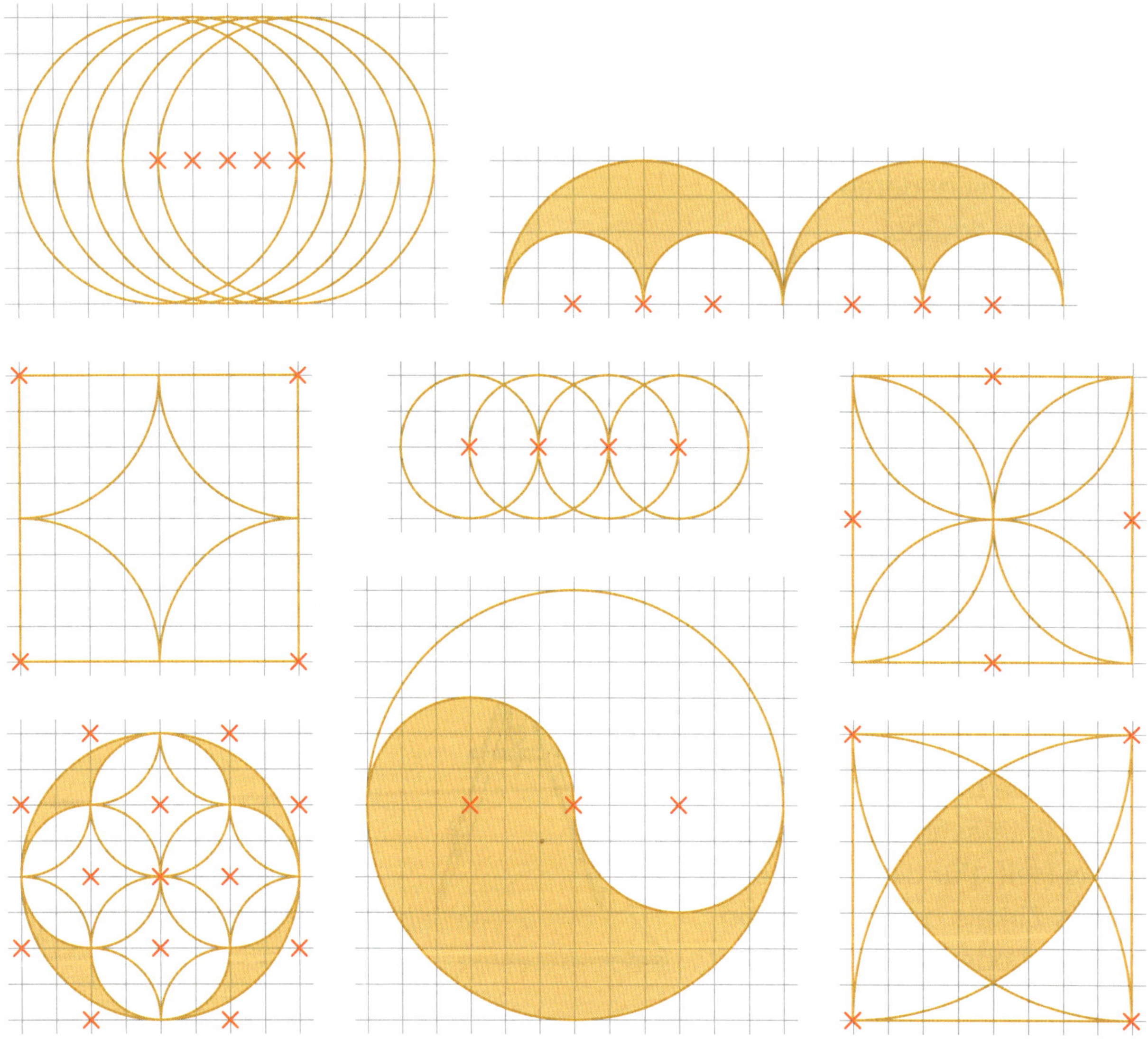

2 Zeichne diese Schmuckfiguren in dein Heft oder auf ein unliniertes Blatt. Die eingezeichneten Mittelpunkte helfen dir.

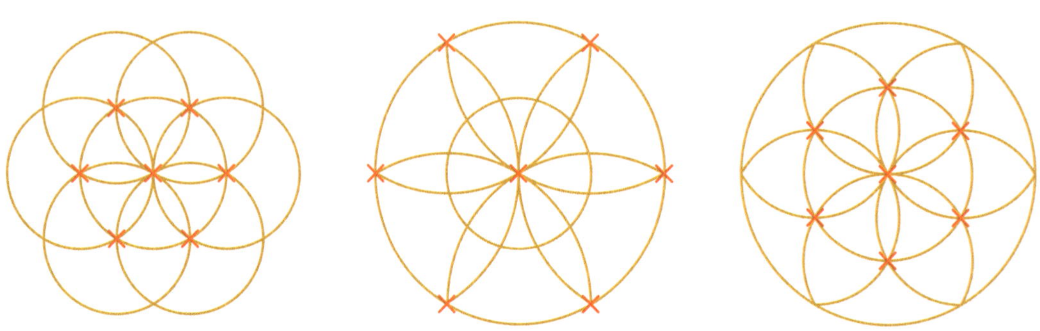

3 Erfinde selbst weitere Schmuckfiguren.

⋆ zeichnen mit dem Zirkel vorgegebene Ornamente und Schmuckfiguren und erfinden selbst weitere

→ Ü Seite 43

Kreisfiguren nach Anleitung zeichnen

1 Miss jeweils den Radius der Kreise mit dem Lineal. Schreibe die Länge in cm und in mm auf.

Seite 29 Aufgabe 1
a) r = 1,5 cm = 15 mm
b) ...

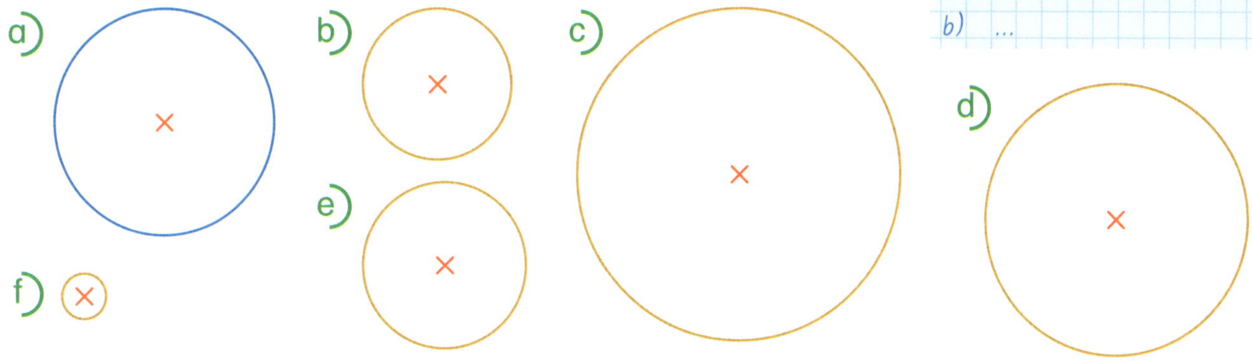

2 Zeichne nach Anleitung Kreisfiguren.

a) Zeichne um einen Mittelpunkt verschieden große Kreise. Beginne mit dem Radius 2 cm. Jeder weitere Kreis hat einen um 5 mm größeren Radius.

b) Zeichne auf einer geraden Linie Punkte im Abstand von 2 cm ein. Zeichne um jeden Punkt einen Kreis mit dem Radius 2 cm.

Seite 29 Aufgabe 2
a) ... b) ...

3 Konstruiere eine Figur aus Kreisen.

1. Zeichne in die Mitte eines Blattes um einen Mittelpunkt einen Kreis mit dem Radius 4 cm.
2. Wähle einen Punkt auf der Kreislinie als Mittelpunkt für einen neuen Kreis. Zeichne um diesen Punkt einen Kreis mit dem gleichen Radius.
3. Zeichne um die entstandenen Schnittpunkte jeweils Kreise mit dem gleichen Radius.

4 Konstruiere eine Figur nach dieser Beschreibung.

1. Zeichne einen Kreis mit dem Radius 2 cm.
2. Wähle auf der Kreislinie einen Punkt, um den du einen Kreis mit dem gleichen Radius zeichnest.
3. Zeichne nun weitere fünf Kreise, die ihre Mittelpunkte in den Schnittpunkten mit dem ersten Kreis haben.

→ AH Seite 49

* zeichnen nach Anleitung unterschiedliche Kreisfiguren
* übertragen eine Darstellung in eine andere

Schmuckfigur und Anleitung erstellen

1 Zeichne diese Schmuckfigur in dein Heft. Unter 1. bis 6. findest du die einzelnen Arbeitsschritte als Zeichenanleitung.

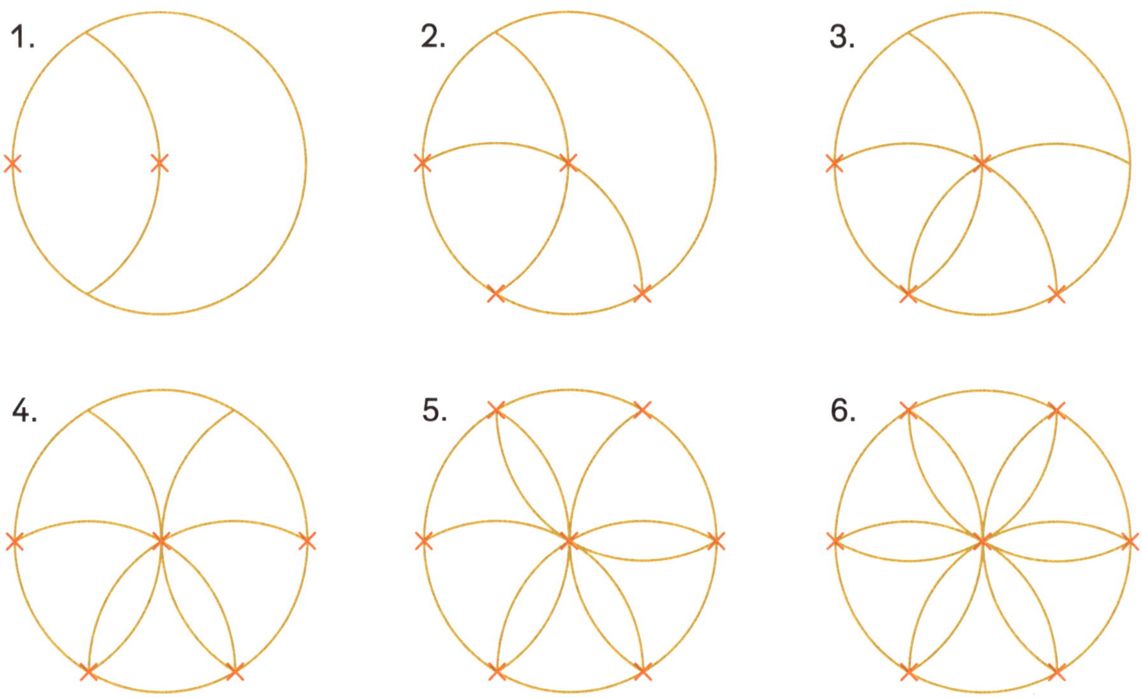

a) Beschreibe in einer Anleitung (Konstruktionsbeschreibung), wie du beim Zeichnen vorgehst. Beispiele für eine Konstruktionsbeschreibung findest du in den Aufgaben 3 und 4 auf Seite 29. Notiere deine Anleitung auf einem Blatt.

b) Bitte ein anderes Kind, nur nach deiner Beschreibung die Figur zu zeichnen. So kannst du prüfen, ob du genau beschrieben hast. Besprecht, ob man die Konstruktionsbeschreibung noch verbessern kann.

* zeichnen nach vorgegebener Schrittfolge eine Schmuckfigur und fertigen eine Konstruktionsbeschreibung an
* verwenden Fachbegriffe richtig
* kooperieren und kommunizieren mit anderen Kindern

Schmuckfiguren mit Zirkel, Lineal und Geodreieck zeichnen

1 Zeichne Schmuckfiguren.

a) Zeichne zunächst viermal diese Ausgangsfigur auf unliniertes Papier.

b) Zeichne nun mit dem Geodreieck Linien so ein, dass du diese Figuren erhältst.

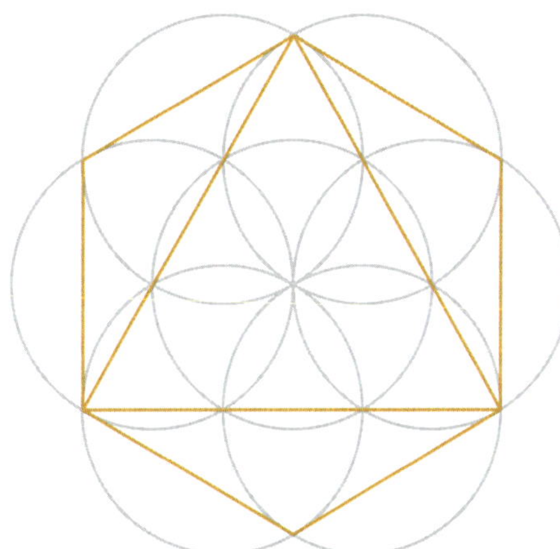

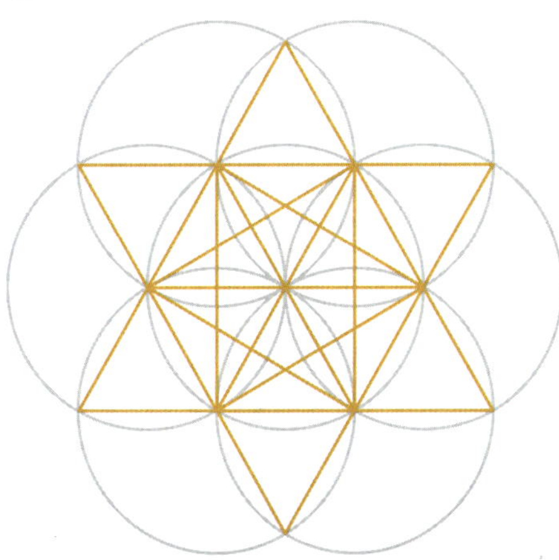

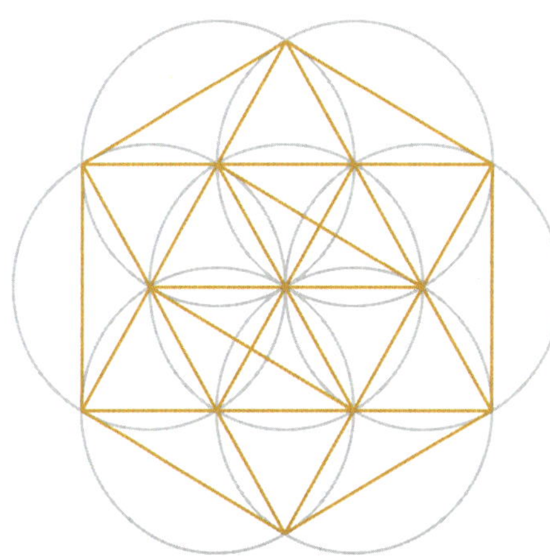

c) Färbe die Figuren ein.

* zeichnen unter Verwendung von Zirkel, Lineal und Geodreieck vorgegebene Schmuckfiguren
* nutzen die Schnittpunkte als Zeichenhilfe

1 Wähle mindestens vier Muster aus und übertrage sie in dein Heft.

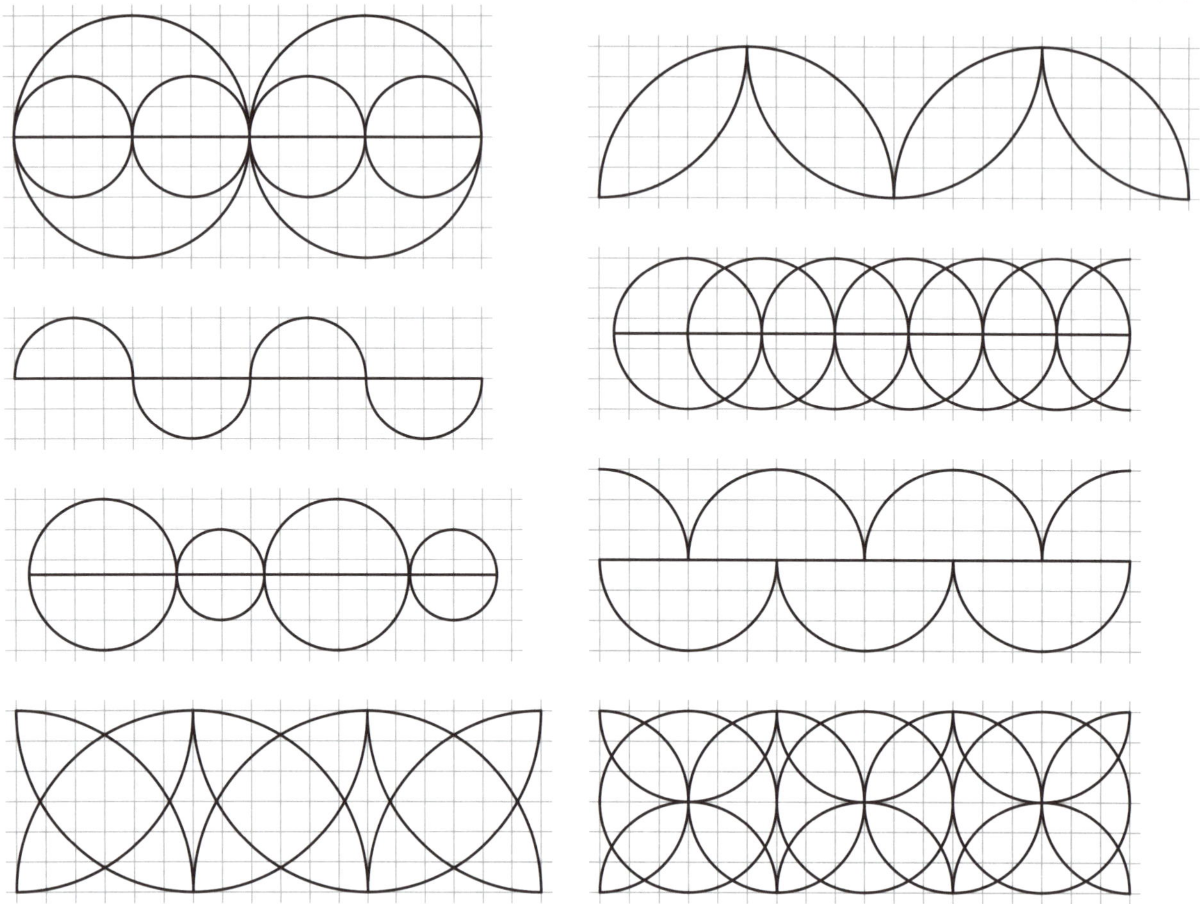

2 Wähle ein Muster aus Aufgabe 1 aus und zeichne es mehrmals. Male jedes Muster unterschiedlich aus.

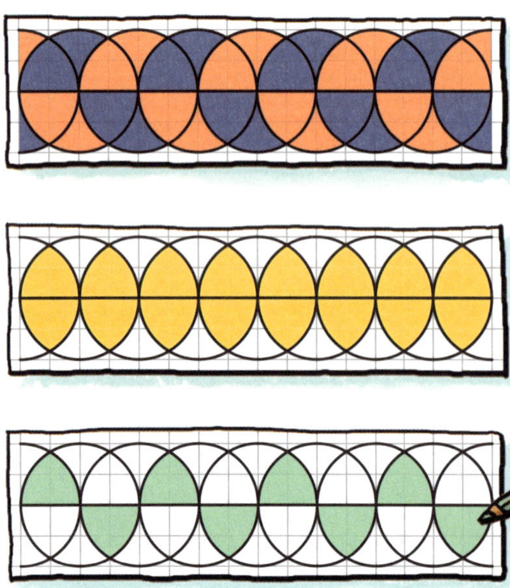

* übertragen vorgegebene Bandornamente in eigene Zeichnungen und verwenden dabei Zirkel, Lineal und Gitterraster
* erfinden eigene Muster

Figuren mit Zirkel und Geodreieck nach Anleitung zeichnen

1 Zeichne jeweils auf unliniertes Papier.

a) Zeichne zuerst ein Rechteck mit den Seitenlängen 7 cm und 4 cm. Zeichne dann einen Kreis, der alle vier Ecken berührt.

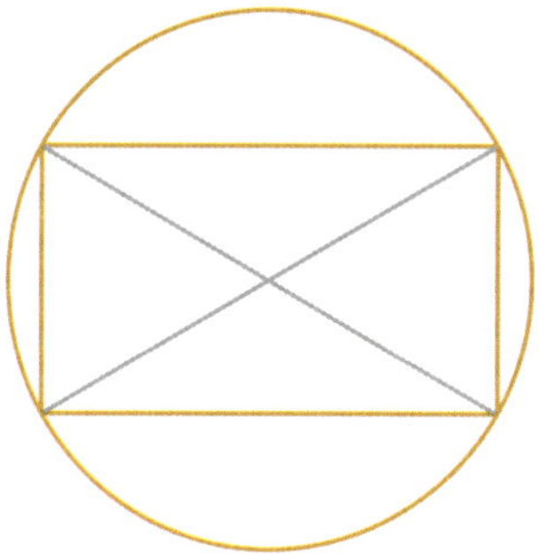

b) Zeichne zuerst ein Quadrat mit der Seitenlänge 4 cm. Zeichne wieder einen Kreis, der alle vier Ecken berührt.

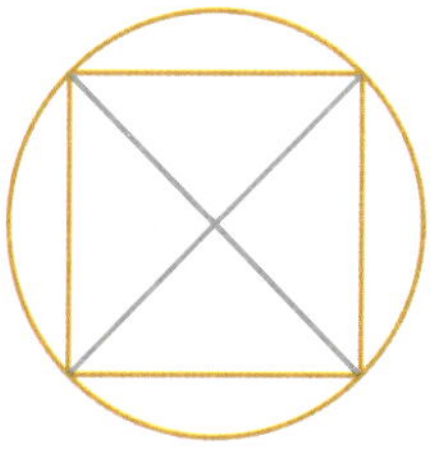

c) Zeichne einen Kreis mit dem Radius 4 cm. Zeichne zwei beliebige Durchmesser ein. Verbinde der Reihe nach alle Berührungspunkte mit der Kreislinie.

Welche Figur entsteht?
Überprüfe mit dem Geodreieck.

Ist das immer so?
Prüfe deine Vermutung, indem du weitere solche Figuren mit anderen Maßen zeichnest.

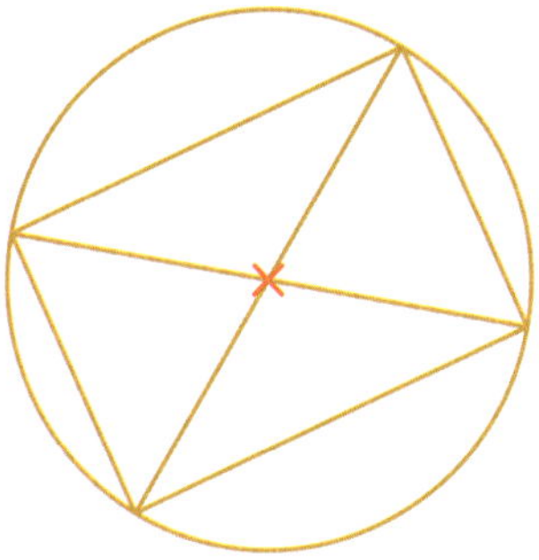

d) Zeichne zwei senkrecht zueinander stehende Linien. Nimm den Schnittpunkt der Linien als Mittelpunkt und zeichne einen beliebig großen Kreis, der die beiden Senkrechten schneidet. Verbinde die Schnittpunkte der Kreisline mit den Senkrechten der Reihe nach.

Welche Figur entsteht?
Überprüfe mit dem Geodreieck.

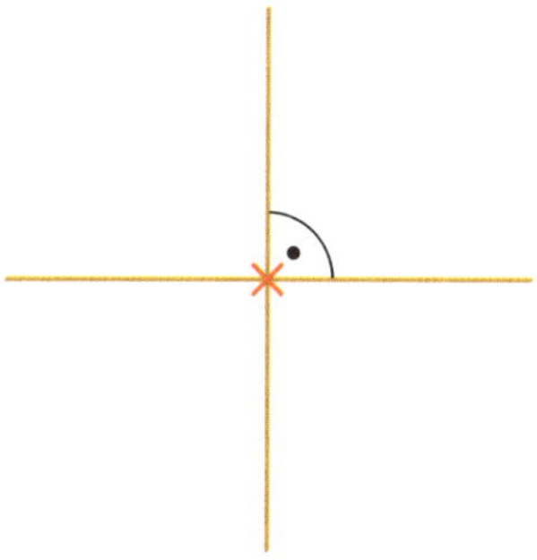

e) Konstruiere selbst weitere Figuren oder optische Täuschungen.

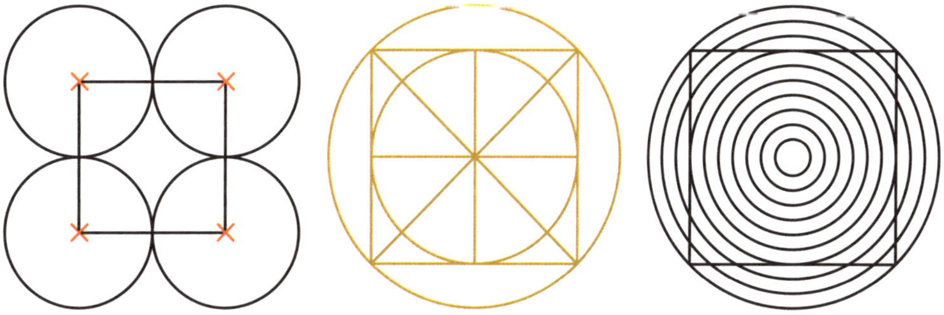

→ AH Seiten 50 und 51
→ Ü Seiten 44 und 45

⋆ konstruieren Figuren nach Anleitung unter Verwendung von Geodreieck und Zirkel, wenden dabei Fachbegriffe richtig an
⋆ übertragen Erfahrungen und Erkenntnisse auf die Konstruktion eigener Beispiele

Die Fibonacci-Zahlenfolge zeichnerisch darstellen

1 Nimm ein großes unliniertes Blatt deines Zeichenblocks (DIN A3).
Zeichne die Spirale ab und setze sie fort.
Beginne mit den beiden blauen Quadraten.

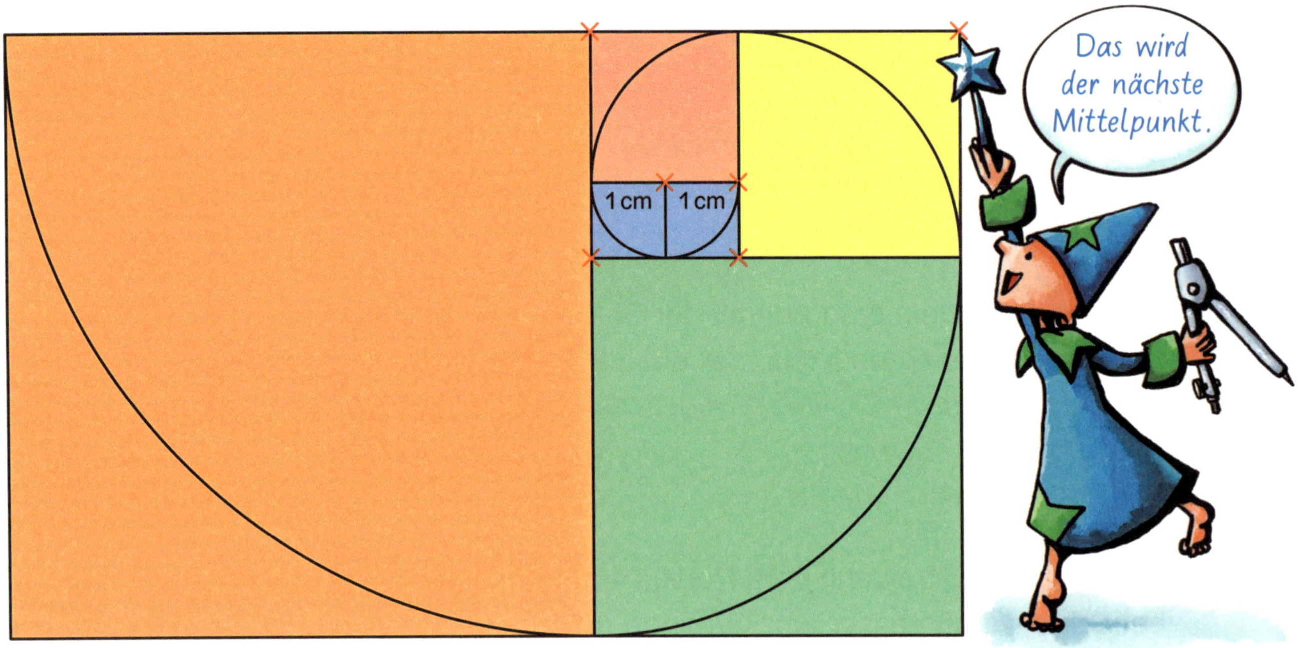

2 Miss mit dem Lineal die Seitenlängen der Quadrate und schreibe sie der Größe nach geordnet ohne Maßeinheit auf.

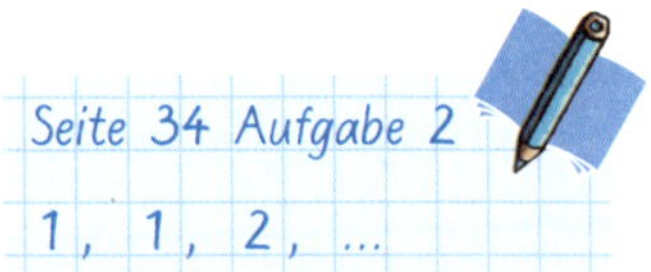

3 Finde die Regel für diese Zahlenfolge und setze sie fort bis 610.

Leonardo von Pisa, genannt Fibonacci, war ein bekannter italienischer Mathematiker. Er wurde 1180 in Pisa geboren und war von Beruf Kaufmann. Fibonacci reiste oft durch arabische Länder, wo er auch unsere heutigen Zahlen kennen lernte und mit nach Europa brachte.
Er entdeckte auch diese interessante Zahlenfolge, die nach ihm benannt wurde: die Fibonacci-Folge.

* entnehmen Problemstellungen die für die Lösung relevanten Informationen
* nutzen die Einsicht in Zusammenhänge zur Problemlösung

In einen Kreis regelmäßige Vielecke zeichnen

1 Zeichne zwei Kreise mit dem Radius 2,5 cm und gestalte sie als Ziffernblatt einer Uhr. Die Einteilung kannst du von dieser Zeichnung durchpausen.

Jetzt hast du zwei Kreise mit 60 kleinen Abschnitten.

a) Unterteile die Kreislinie des ersten Kreises in drei gleiche Abschnitte. Verbinde die Punkte.

Welche Figur erhältst du?

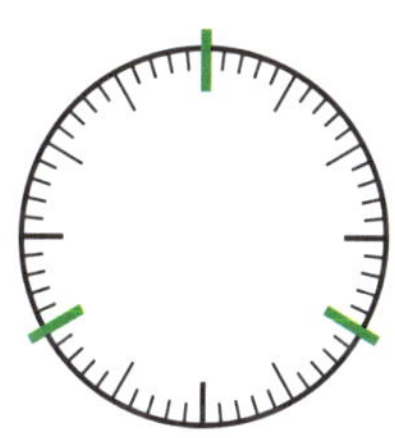

b) Unterteile die Kreislinie des zweiten Kreises in sechs gleiche Abschnitte. Verbinde die Punkte.

Welche Figur erhältst du?

2 Zeichne auf die gleiche Art weitere regelmäßige Vielecke.

a) ein Viereck b) ein Fünfeck c) ein Zwölfeck d) ...

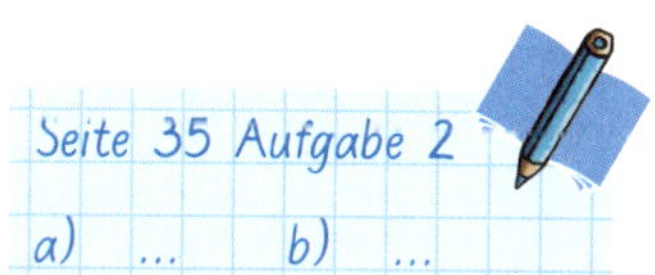

3 Alle regelmäßigen Vielecke sind drehsymmetrisch. Wähle ein Vieleck aus. Zeichne mit dem Lineal Linien so ein, dass die Figur drehsymmetrisch bleibt. Du kannst sie auch ausmalen.

* zeichnen nach Anleitung regelmäßige Vielecke und verwenden dabei Zirkel und Lineal

Bruchteile der Kreisfläche darstellen

1 Die Kreise sind als Ziffernblätter einer Uhr dargestellt.

Seite 36 Aufgabe 1
A: $\frac{1}{2}$

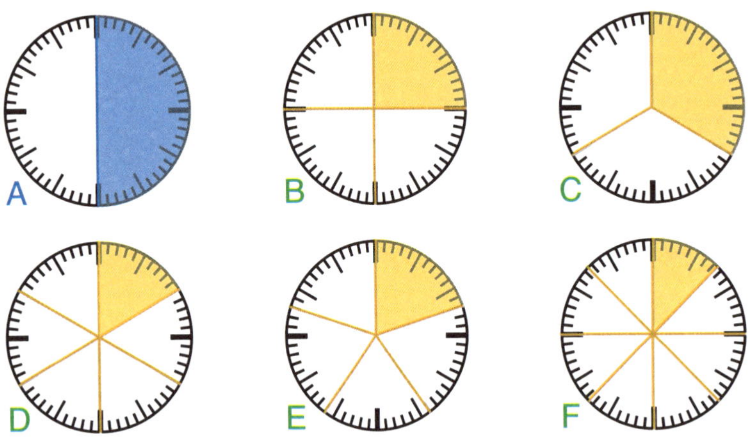

Ordne den eingefärbten Kreisteilen die passenden Bruchteile zu.

die Hälfte: $\frac{1}{2}$	ein Drittel: $\frac{1}{3}$	ein Sechstel: $\frac{1}{6}$
ein Viertel: $\frac{1}{4}$	ein Fünftel: $\frac{1}{5}$	ein Achtel: $\frac{1}{8}$

2 Einen ganzen Kreis kannst du aus verschiedenen Bruchteilen zusammensetzen.
Schreibe einige Möglichkeiten auf.
Die Abbildungen in Aufgabe **1** helfen dir.

Seite 36 Aufgabe 2
$1 = \frac{1}{2} + \frac{1}{2}$
1 = ...
⋮

3 Zeichne mit dem Zirkel einen Kreis und schneide ihn aus. Probiere, welche Bruchteile du durch Falten herstellen kannst. Sprich darüber mit anderen Kindern.

→ AH Seite 52

* stellen durch Falten und Zerlegen unterschiedliche Teilstücke (Bruchteile) von Kreisen her
* stellen Beziehungen zwischen Bruchteilen her

Bruchteile von Größenangaben bestimmen

In allen Größenbereichen findest du Angaben in der Bruchschreibweise.

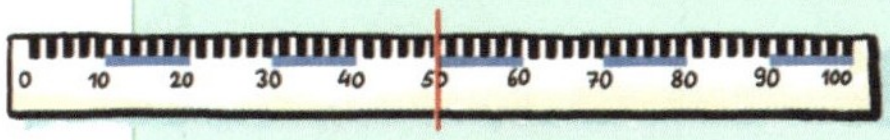

$1\,m = 100\,cm$

$\frac{1}{2}\,m = 50\,cm$

$1\,kg = 1\,000\,g$

$\frac{1}{4}\,kg = 250\,g$

$1\,l = 1\,000\,ml$

$\frac{1}{2}\,l = 500\,ml$

$1\,h = 60\,min$

$\frac{1}{4}\,h = 15\,min$

$1\,h = 60\,min$

$\frac{3}{4}\,h = 45\,min$

1 Bilde passende Paare.

a) 30 min, $\frac{1}{4}$ min, $\frac{1}{6}$ h, $\frac{3}{4}$ h, 15 s, 10 min, 45 min, $\frac{1}{2}$ h

b) 50 cm, 250 m, 25 cm, $\frac{1}{4}$ m, 10 cm, $\frac{1}{2}$ m, $\frac{1}{10}$ m, $\frac{1}{4}$ km

c) 250 g, 200 kg, 500 g, $\frac{1}{2}$ kg, 125 g, $\frac{1}{8}$ kg, $\frac{1}{5}$ t, $\frac{1}{4}$ kg

d) 500 ml, $\frac{1}{8}$ l, 250 ml, $\frac{1}{4}$ l, 375 ml, $\frac{3}{8}$ l, 125 ml, $\frac{1}{2}$ l

Seite 37 Aufgabe 1
a) 30 min = $\frac{1}{2}$ h
⋮
b) …

2 Schreibe auf, welcher Anteil der quadratischen Fläche jeweils eingefärbt ist.

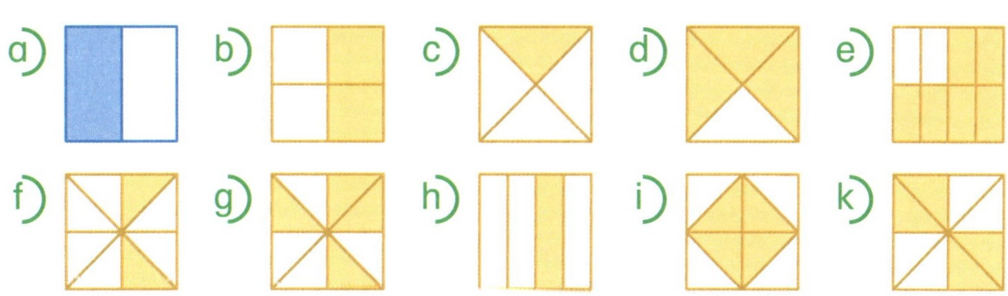

Seite 37 Aufgabe 2
a) $\frac{1}{2}$ b) …

3 Zeichne Rechtecke mit den Seitenlängen 6 cm und 4 cm. Färbe die Bruchteile jeweils auf mindestens drei unterschiedliche Arten ein.

a) $\frac{1}{2}$ b) $\frac{1}{4}$ c) $\frac{1}{8}$

Seite 37 Aufgabe 3
a) … b) …

⋆ nutzen im Alltag gebräuchliche Bruchzahlen bei Größenangaben und wandeln sie in kleinere Einheiten um
⋆ bestimmen die Teilflächen ebener Figuren durch Angabe von Bruchzahlen

Muster abzeichnen, vergrößern und verkleinern

1 Wähle mindestens zwei Muster aus und übertrage sie in dein Heft. Zeichne diese Muster wie Einstern auch vergrößert und verkleinert.

Seite 38 Aufgabe 1
...

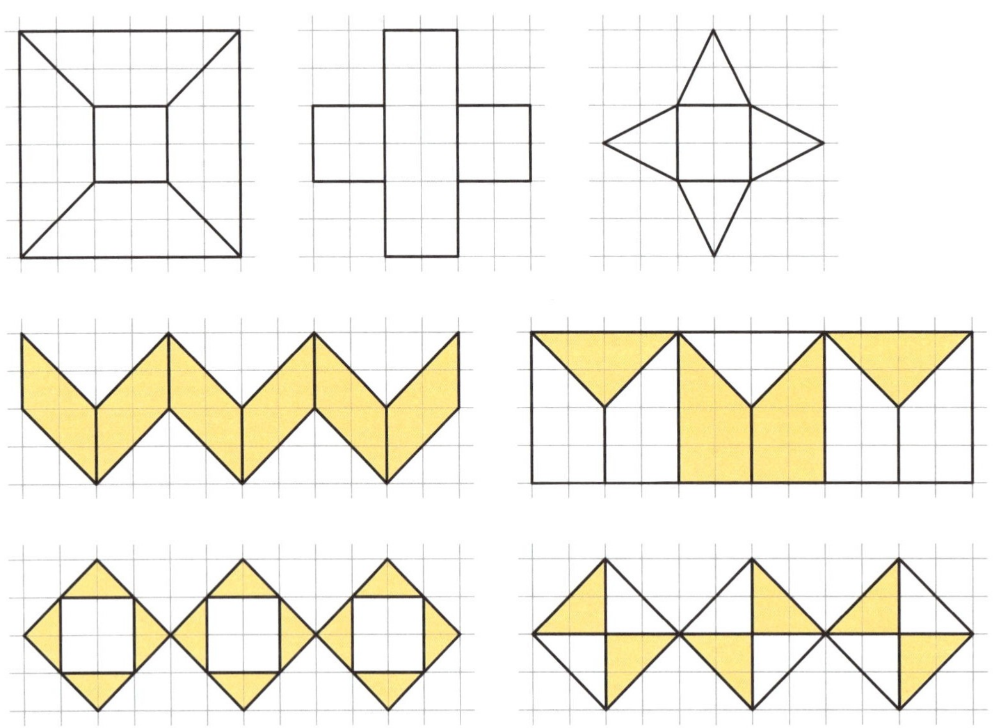

2 Erfinde selbst ein Muster, das du anschließend vergrößerst und verkleinerst.

Seite 38 Aufgabe 2
...

* stellen auf Gitterpapier ähnliche ebene Figuren durch maßstäbliches Vergrößern und Verkleinern her

Formen, Muster und Ornamente erkennen und selbst gestalten

1 Seit mehr als 2000 Jahren werden Fußböden, Wände und Säulen mit kunstvollen Mustern und Ornamenten geschmückt. Auch Fenster wurden früher oft auf diese Weise verziert.

a) Wähle mindestens ein Muster aus und zeichne es mit Hilfe deines Geodreiecks, deines Zirkels oder mit einer Schablone ab.

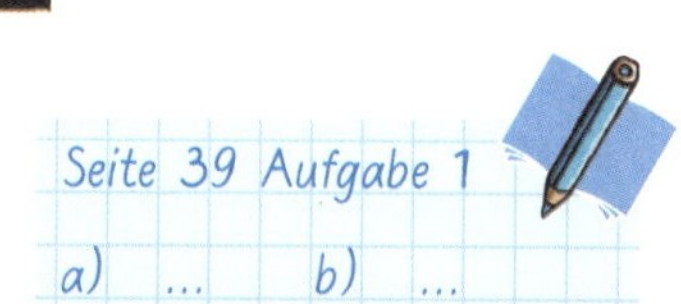

b) Betrachte die einzelnen Teile dieser Muster. Gestalte ein eigenes.

→ AH Seite 53
→ Ü Seite 47

* übertragen Formen, Muster und Ornamente aus der Architektur und verwenden dabei angemessene Werkzeuge

Reihen erkennen und fortsetzen

1 Setze die Reihen fort. Schreibe oder zeichne die nächsten drei Elemente in dein Heft.

Seite 40 Aufgabe 1
a) ... b) ...

a) 

b) 

c) 

d) 

e) 

f) Apfel, Lampe, Elefant, Teppich, ...

g) Tischtennis, Tennisball, Ballspiel, Spielpartner, ...

h) 1, 2, 3, 5, 8, 13, ...

i) 1, 4, 9, 16, ...

2 Finde heraus, was nicht in die Reihe passt. Begründe deine Lösung.

Seite 40 Aufgabe 2
a) ○, hat keine Ecken b) ...

a) 

b) 

c) Karotte, Zwiebel, Apfel, Paprika, Tomate

d) schön, bunt, singen, hoch, hell

e) 275, 300, 625, 423, 780

f) 264, 597, 486, 153, 276

g) 

h) 

3 Erfinde selbst Reihen und stelle einem anderen Kind die Aufgabe, diese zu ergänzen oder Unpassendes zu finden.

* erkennen Strukturen in vorgegebenen Reihen und nutzen diese beim Fortsetzen der Reihen
* finden Fehler in vorgegebenen Reihen und begründen ihre Ergebnisse
* erfinden Aufgaben und stellen diese anderen Kindern vor, kooperieren und kommunizieren dabei